Die Ernährung des Menschen
mit besonderer Berücksichtigung der Ernährung
bei Leibesübungen

Von

Max Rubner
Geheimer Obermedizinalrat
Professor an der Universität
Berlin

Berlin
Verlag von Julius Springer
1925

ISBN-13: 978-3-642-89432-9   e-ISBN-13: 978-3-642-91288-7
DOI: 10.1007/978-3-642-91288-7

Softcover reprint of the hardcover 1st edition 1925

Inhaltsverzeichnis.

Erster Teil:
Allgemeine Ernährungslehre.

	Seite
Wert und Wesen der Ernährung	1
Die Bestandteile der Nahrung	5
Allgemeine Gesichtspunkte der praktischen Ernährung	8

Zweiter Teil:
Ernährungsweise bei Leibesübungen.

Das Studium der Ernährungsvorgänge	18
Die Muskulatur und ihr Stoffwechsel	21
Die verschiedenen Grade der Bewegung. Charakterisierung der Berufe	26
Über die Mengen der bei Leibesübungen notwendigen Nährstoffe	27
Zusammensetzung der Kost nach Nährstoffen und Nahrungsmitteln	34
Verteilung der Nahrungsmittel nach dem nationalen Konsum	35
Vom Trinken und den Getränken. Wirkung des Klimas und der Kleidung auf den Flüssigkeitsbedarf	41

Erster Teil.
Allgemeine Ernährungslehre.

Wert und Wesen der Ernährung.

Für jeden, der Leibesübungen pflegt, hat die Erkenntnis der Ernährung einen allgemeinen und einen besonderen Wert.

Einen allgemeinen, weil unser Wohlbefinden und unsere Gesundheit in weitem Maße von der richtigen Wahl der Nahrung und vor allem von deren tadellosen Beschaffenheit abhängig ist.

Die besondere Bedeutung des Wissens von der Ernährung für den, der Leibesübungen treibt, liegt darin, daß die Wahl der Nahrungsmittel diesen Leistungen angemessen sein muß, sie erleichtern soll, und außerdem die Konstitution des Körpers in richtiger Bahn zu halten hat.

Die Ernährung ist eine Lebensnotwendigkeit, ohne sie gibt es überhaupt kein Leben auf der Welt, weder bei Tieren, noch bei Pflanzen, noch bei den Mikroben, sie umschließt zwei grundsätzlich verschiedene Vorgänge.

Der erwachsene Mensch hält sich manchmal jahrzehntelang auf demselben Körpergewicht, dabei verzehrt er in einem Jahr etwa 10—15 mal soviel Nahrung, als sein eigenes Körpergewicht ausmacht. Wohin ist das Verzehrte gekommen? Nur einen kleinen Bruchteil geben wir, umgewandelt in den festen und flüssigen Ausscheidungen ab. Die Hauptmasse der Nahrung ist, soweit organische Teile, und das ist die Hauptmasse, in Betracht kommen, oxydiert, d. h. mit Sauerstoff verbunden worden, genau wie bei einer Verbrennung, und geht, wie die Abgase einer Feuerung durch den Schornstein, durch die Lungen als Kohlensäure (auch Wasserdampf) nach außen. Der Zweck dieser Zerstörung, die man auch Dissimilation nennt, ist einmal Lieferung von Energie für die Bewegungen und Arbeitsleistungen, und außerdem dient die erzeugte Wärme zur Erhaltung unserer Körpertemperatur, wie man gewöhnlich meint.

Dieses einfache Schema enthält aber nicht das wesentliche des Lebens, denn auch da, wo von einer Erhaltung der Eigenwärme gar nicht die Rede ist, wie bei den Kaltblütern, bedarf der Körper außer zur Bewegung auch noch Nahrung, die er zerstört. Hier dient die letztere zum Freimachen von Energie, welche das Lebende so in Anspruch nimmt, wie eine Uhrfeder der Energie bedarf, um das Werk zu treiben. Bei den fortwährenden Umwandlungen des Lebenden entsteht dann Wärme, die in unserem Körper durch bestimmte Einrichtungen zusammengehalten wird, wodurch sich eben die Warmblüter von Kaltblütern unterscheiden.

Der Neugeborene mit 3,5 kg Gewicht gewinnt an Masse; zu Ende des Wachstums erreicht der Mensch 60—65 kg im Durchschnitt. Diese Massenzunahme nennt man Wachstum oder auch Assimilation. Es kommt aber niemals die letztere allein vor, sondern stets muß das, was an Masse gewachsen ist, unter Zerstörung einer gewissen Menge organischer Stoffe ernährt werden.

Das Wachstum in der Natur geschieht in zwei verschiedenen Formen, den Angelpunkt alles Lebens bilden der Masse nach die grünen Farbstoff (Chlorophyll) führenden Pflanzen. Der Quell dieses Lebens ist die Sonne. Die grünen Pflanzen bauen organische Stoffe auf aus einfachen Körpern, wie Kohlensäure, Wasser, Salpeter, Ammoniak u. dgl., neben Salzen (Aschebestandteilen). Letztere bleiben bei der Verbrennung von Pflanzen (Holz, Torf usw.) als Asche zurück. Die erzeugten Verbindungen sind sehr mannigfacher Art. Farbstoffe, riechende, wohlschmeckende und widerliche Substanzen, der Hauptmasse nach werden in allen Fällen Stoffe gebildet, die ihrer chemischen Struktur gemäß sich in drei große Gruppen einreihen: Kohlehydrate, Fette und Eiweißstoffe.

Aus 6 Molekülen Kohlensäure (CO_2) und 6 Molekülen Wasser (H_2O), zusammen = 372 g, entsteht 1 Molekül Traubenzucker = 180 g, so daß also 372—180 = 192 Teile Sauerstoff überschüssig sind und frei werden. Aus dem Zucker (von dem es sehr verschiedene Arten gibt: Traubenzucker, Milchzucker, Rohrzucker) bildet sich Stärkemehl oder auch das hölzige Gerüste der Pflanzen (Zellulose). Die ganze Gruppe dieser Stoffe nennt man Kohlehydrate.

Letztere gehen wieder unter Abnahme ihres Sauerstoffgehaltes auch in Fette über. Oder durch Zusammenfügen mit Stickstoff,

Wasserstoff, Schwefel, in manchen Fällen auch Phosphorsäure in Eiweißverbindungen. Die letzteren sind die Grundlage der lebenden Materie überhaupt, ohne sie ist eine Bildung von Zellen und Organen nicht möglich.

Bei diesem Aufbau aus anorganischem Material, d. h. aus Verbindungen, welche unverbrennlich sind, weil sie ja Produkte einer Verbrennung schon gewesen sind, werden Sauerstoffanteile, wie oben gesagt, der Luft übergeben. Der ganze Prozeß einer Verbrennung wird rückgängig gemacht. Aus dem Wesen dieser Umkehrung versteht es sich, daß die neuen Verbindungen Energie aufnehmen müssen, und diese Energie stammt eben aus der Sonnenstrahlung. Und indem Eiweiß gebildet wird, entsteht zunächst noch nichts Lebendiges, vielmehr erst dadurch, daß sich dieses Eiweiß mit dem lebenden Material in den Zellen verbindet, wird es zu Lebendem gemacht.

Denken wir uns die grünen Teile weg, oder fehlt das Sonnenlicht, so ist die Lebensweise der Pflanzen keine andere, als wir sie für die anderen Lebewesen kennen, sie verbrauchen die organischen Nährstoffe unter Aufnahme des Sauerstoffs.

Die Tiere bauen aus elementaren Stoffen keine komplizierten Verbindungen der drei Hauptgruppen an Nährstoffen auf, für ihre Existenz ist das Vorhandensein dieser Gruppen die Vorbedingung des Lebens.

Zwischen Pflanzen- und Tierkörper besteht im Aufbau ein wesentlicher Unterschied, bei den Pflanzen machen Eiweiß und Fett im allgemeinen den kleineren Teil ihrer Körpermasse, die Kohlehydrate den größeren aus, bei den Tieren überwiegt Eiweiß und Fett, während Kohlehydrate nur in ganz kleinen Mengen vorhanden sind.

Die pflanzenfressenden Tiere erhalten zum Wachstum das Eiweiß der Pflanzen, das Kohlehydrat können sie nach Bedarf in Fett umwandeln, bei der Dissimilation sind die drei Hauptgruppen sich gleichwertig und vertreten sich nach ihrem Energiegehalt gegenseitig. Es ist uns erklärlich, daß zum Wachstum zum mindesten Eiweiß gehört, aber auch nach vollendetem Wachstum ist Eiweiß zum Leben notwendig, weil immer kleine Mengen des Tierleibes zugrunde gehen, bildlich gesprochen, weil unsere Maschine sich abnützt.

Im Tierleib werden Fette und Kohlehydrate zerlegt, wie bei der Verbrennung überhaupt und bilden Kohlensäure und Wasser, abweichend davon wird bei den Eiweißstoffen der Stickstoff in Form komplizierter Verbindungen (Harnstoff, Harnsäure u. dgl.) im Harn und Kot ausgeschieden, und nur der Rest verbrannt.

Pflanzen- und Tierleichen werden im Boden durch Mikroben zerstört und in einfache Verbindungen übergeführt. Der Kreislauf des Lebendigen ist damit geschlossen und die grünen Pflanzen finden wieder Material zum neuen Aufbau von Nahrung. Das ist der Kreislauf des Organischen und Lebendigen in der Natur.

Die Grundlage aller lebenden Teile ist ein Formelement, die Zelle, die einzelnen verschiedenen Abschnitte eines Organismus nennt man Organe.

Ein wenig beachteter Körper spielt neben den aufgeführten organischen Stoffen eine Hauptrolle, das Wasser, der lebende Zellinhalt besteht, wie schon erwähnt, aus Eiweißstoffen (flüssigen, im Protoplasma und deutlich geformten, im Kern), die zum Teil auch noch mit anderen Verbindungen zusammengekoppelt sind.

Das Wasser bildet mit dem Eiweiß zusammen eine gequollene Masse, ein Kolloid, diese Bindungen sind zahlenmäßig begrenzt. Alles Neuentstehende enthält ein hoch gequollenes Eiweiß, das bis zum Erwachsensein allmählich Wasser abgibt. Nicht nur in unseren Organen, sondern auch im Blut und den Säften besteht ein genau geordnetes Verhältnis des Quellungsgrades der Eiweißstoffe.

Bei dieser hohen Bedeutung wird die richtige Wasserversorgung genauestens reguliert (Durst).

Fett und Kohlehydrate sind nicht eigentliche Organteile, sondern Reservestoffe, welche abgelagert werden und je nach Bedarf als Nahrung herausgezogen werden.

Das Wasser nehmen wir entweder als solches auf, oder es wird, und zwar nicht zu wenig, durch Verbrennung des Nährmaterials frei, aus Kohlehydraten, aus Fett und aus Eiweiß.

Verloren wird beim Menschen Wasser, zum Teil im Harn (und Kot) oder durch die Haut und die Atmung, alles in ganz wechselnden Mengen, da das Wasser, indem es sich wieder in Wasserdunst verwandelt, die Möglichkeit besitzt, uns abzukühlen, entweder weil das die sommerliche Wärme erfordert, oder bei der Arbeit viel Wärme im Körper erzeugt wird.

Bei der Zusammensetzung des Körpers und mit Rücksicht auf seinen Betrieb, müssen auch die Salze als wesentliche Bestandteile erwähnt werden. Es versteht sich von selbst, daß zum Aufbau der Knochen phosphorsaurer Kalk und Magnesia gehört, das Blut kann nicht entstehen, wenn nicht Eisen dem Körper zugeführt wird, ohne Jod funktioniert die Schilddrüse nicht, deren Einfluß auf das normale Wachstum von größter Bedeutung ist. Außerdem enthalten die Eiweißstoffe der Zellen zweifellos bestimmte anorganische Verbindungen. Der richtige Quellungsgrad hängt von der Salzkonzentration im Blute ab. Die Salze (und Ionen) üben einen wesentlichen Einfluß auf die Nerven- und Muskeltätigkeit aus.

Es versteht sich daher die Notwendigkeit der Zufuhr der Salze für den Wachsenden von selbst. Aber auch der Erwachsene verliert täglich gewisse Mengen von Salzen, die in der Nahrung wieder ersetzt werden müssen, meist aber leicht zuzuführen sind, weil bei normaler Kost ein Überschuß von Salzen vorhanden zu sein pflegt, der einfach wieder ausgeschieden wird.

Die Bestandteile der Nahrung.

Was brauchen wir als Nahrung? Als unorganische das Wasser, die Salze, als organische unter allen Umständen Eiweiß; auf den Umstand, daß es außerordentlich viel Eiweißarten gibt und nicht alle gleichwertig sind, können wir nicht weiter eingehen. Eiweiß baut uns auch fast alle stickstoffhaltigen Verbindungen des Körpers auf, kann sich in Fett umwandeln, oder in Kohlehydrat, die letzteren werden aber unter normalen Verhältnissen direkt in der Nahrung zugeführt. Fett kann sehr leicht aus Kohlehydraten entstehen. Reine Eiweißstoffe, Fette und Kohlehydrate und Salze genügen aber nicht, weder zum dauernden Wachstum, noch zum Leben. Es ist notwendig, daß, wenn auch in kleinsten Mengen, noch eine chemisch wenig gekannte Gruppe von Stoffen hinzukommt — die Vitamine. Man hat sie bei einer in Ostasien weit verbreiteten Krankheit zuerst endeckt. Bei Nationen, die hauptsächlich von Reis leben, tritt, wenn der polierte, von allen Hülsen befreite Reis genossen wird, die Beri-beri-Krankheit auf, sie kann geheilt werden, wenn man wenigstens das sog. Silberhäutchen noch bei dem Reis beläßt, letzteres enthält die wirksame Substanz (Vitamin B). Außerdem gehört aber zum normalen Gedeihen noch ein zweites Vitamin (Vitamin A), das hauptsächlich in grünen Pflanzen entsteht und im Tierkörper anscheinend nicht erzeugt werden kann. Außerdem wird noch ein Vitamin C angenommen, dessen Fehlen den Skorbut erzeugt, es kommt in grünen Gemüsen und Orangen vor.

Da wir uns nur mit der normalen menschlichen Kost beschäftigen wollen, mit Vermeidung aller Einseitigkeit, haben wir einen Mangel an Vitaminen nicht zu befürchten. Besonders reich an Vitamin A ist Milch in jeder Form, Eigelb, Butter und Lebertran. Vitamin B findet sich reichlich in Hefe, Reisschalen, wachsenden Pflanzenkeimlingen. Eine Kost, die Milch oder Eier oder frisches Gemüse führt, bedarf keiner Vitaminzufuhr. Fleisch enthält auch die B-Vitamine, weniger C-Vitamin, Obst keine A-Vitamine.

Was liefern uns die üblichen Nahrungsmittel? Mit Wasser, den Salzen, Vitaminen und den Hauptnährstoffen ist die Bedeutung desselben nicht erledigt. Neben diesen Hauptnährstoffen finden sich in den Pflanzen auch noch organische Stoffe, wie Äpfelsäure, Zitronensäure, Weinsäure, Bernsteinsäure, auch wohl Oxalsäure u. dgl., kleine Mengen von Glyzerin und Alkohol.

Diese Nährstoffe sind belanglos, was ihren Verbrennungswert anlangt, auf ihre Bedeutung als Geschmacksquellen kommen wir gleich zurück. Minderwertige Stoffe sind die in Pflanzen vorkommenden Zellmembranen, besonders wenn diese aus den Hülsen der Körnerfrüchte stammen.

In den Nahrungsmitteln sind auch noch kleine Mengen riechender und schmeckender Substanzen. Das ist von Wichtigkeit, weil die Hauptnährstoffe, von den Zuckern abgesehen, geruch- und geschmacklos sind und deshalb für sich allein gar nicht genießbar wären.

Diese Stoffe, die unserer Nahrung das eigentliche sinnenfällige Gepräge geben, nennt man Genußmittel.

Außer nach dem Aussehen beurteilen wir die Nahrungsmittel eben nach ihrer Wirkung auf Geruch und Geschmack. Nach ihnen richtet sich im praktischen Leben auch den Kaufwert.

Für den Menschen spielt der Genuß roher Nahrungsmittel nur eine untergeordnete Rolle, wir genießen Gekochtes, Gebratenes, Gebackenes, kurzum Dinge, die durch die Siedehitze oder Brattemperatur verändert worden sind. Dadurch werden die Nahrungsmittel von allerlei Gesundheitsgefahren, wie sie Krankheitskeime, Parasiten und ähnliches darstellen, befreit, und andererseits durch chemische Veränderung neue Geruchs- und Geschmackswerte geschaffen. Gekochte Milch riecht und schmeckt anders wie rohe, gekochtes oder gebratenes Fleisch dergleichen, das Brot und besonders dessen Rinde gewinnt dem Mehl und Teig gegenüber an Genußwert.

Die Küchenbehandlung, wie die natürlichen Genußmittel der Nahrungsmittel reichen nicht immer aus, die gewünschte Abwechslung zu erreichen. Man hat von alters her noch auf Stoffe zurückgegriffen, die man Gewürzmittel nennt, wie Pfeffer, Muskatnuß, Lorbeerblätter, Majoran, Zwiebel, Knoblauch, Safran, Kümmel usw. Es scheint, daß diese Substanzen außer der geschmacklichen Anregung weniger auf die Sekretion der Verdauungsdrüsen, als auf die Beschleunigung der Aufsaugung aus Magen und Darm wirken.

Die Genußmittel haben nicht etwa nur kulinarischen Wert, sie sind vielmehr jene Körper, die uns Appetit zur Nahrungsaufnahme schaffen, denn ohne sie bleiben die Nahrungsstoffe an sich für uns wertlos, außerdem aber wirken die Genußmittel auf die Drüsen, welche bei der Verdauung beteiligt sind, man sagt: „es läuft einem das Wasser im Munde zusammen," wenn etwas Leckeres vorgesetzt wird. Die Wirkung dieses Anreizes erstreckt sich auch auf die Magen- und Darmverdauung.

Aus den Nahrungsmitteln werden von den Menschen durch die Kochkunst Speisen sehr verschiedener Art hergestellt, wobei nach der Erfahrung verschiedene Nahrungsmittel kombiniert werden. In einzelnen Teilen des Landes ist die Kochkunst verschieden gut entwickelt. Am mannigfachsten hat sie sich bei uns in den bürgerlichen Familien erhalten. Das Repertoir umfaßt an 100 verschiedene Suppen, ausschließlich der süßen Suppen, mehrere hundert Fleischgerichte, ebensoviel Mehlspeisen, an hundert Eierspeisen und ein halbes Hundert Gemüsebereitungen.

Die häusliche Kochkunst ist leider im allmählichen Verfall. Die Kenntnisse der Frauen werden auf diesem Gebiete immer geringer, man überläßt das Kochen dem Dienstpersonal. Der Verfall wird mit der sozialen Umstellung noch rascher abwärts gehen; zu einfachen und einförmigen Gerichten bis schließlich zu den Eintopfgerichten. Arm an Abwechslung ist allmählich die Gasthausküche geworden.

Immerhin kann man noch herausfinden, daß die einzelnen Nationen sich einen gewissen eigenartigen Essenstypus bewahrt haben, so daß die Fremde für viele da beginnt, wo andere Eßsitten herrschen.

Wir werden im wesentlichen als Glieder einer Familie in die traditionelle Kost eingeführt, lernen dabei natürliche Abneigungen zu manchen Dingen (z. B. Käse u. dgl.) überwinden, und halten an dieser Einstellung fest. Soweit soziale Verhältnisse eine Einstellung auf genußunwerte Kost erzwungen haben, erfolgt das Streben nach höheren Genußwerten, sobald sich Gelegenheit bietet.

Das Verlangen des Menschen nach Nahrung wird durch das Hungergefühl (für das Getränk durch den Durst) bestimmt.

Wenn ein Chinese, ein Japaner, ein Tunguse, ein Franzose, Italiener, Deutscher usw. Hunger hat, so nimmt die Befriedigung des Hungers stets verschiedene Form an, jede Nation verlangt Speisen aus dem Gebiete des anerzogenen Menus. Diese letzteren sind aber nicht zufällige, sondern traditionell so beschaffen, daß sie bei eintretender Sättigung uns auf dem normalen Gewicht erhalten.

Die Sättigung kommt in zweierlei Weise zustande, entweder so, daß wir eine sehr voluminöse Kost aufnehmen, den Magen füllen. Enthält aber das aufgenommene Gemisch nicht das, was wir brauchen, so kehrt nach Entleerung des Magens der Hunger wieder. Was ist also der wahre Hunger? Er besteht aus einem instinktiven Gefühl des Organismus, aus dem Verlangen nach bestimmten Nahrungsstoffen, gemäß dem Bedarf an Protein, Fett, Kohlehydrat, ja auch nach Salzen. Die organischen Stoffe können sich dabei weitgehend untereinander vertreten.

In dem Verlangen nach Nahrung ist auch der Drang nach dem Wechsel von Speisen mit inbegriffen. Wenn man längere Zeit dasselbe genießt, so entsteht das Abgegessensein und dieser Drang nach Abwechslung ist ein normaler Schutz gegen Mißgriffe, die in der Wahl einseitiger Nahrung liegen können. Den Gesetzen des Geschmackes entspricht am besten, daß man verschiedene Gerichte herstellt bei kleinerer Menge der einzelnen als wenig umfangreiche Gerichte, weil dann die verschiedenen Reize ausgeprägter zur Wirksamkeit kommen können.

Allgemeine Gesichtspunkte der praktischen Ernährung.
Die Nahrungsmittel.

Die Nahrungsmittel, wie sie als Handelsware zum Verkauf kommen, sind vielfach nicht direkt verwendbar, sondern bedürfen einer Trennung der genießbaren Teile von den Ungenießbaren. Bei den Fleischsorten haben wir damit zu rechnen, daß kaum 85% reinen Fleisches geliefert wird, der Rest sind Knochen und Fett, beim Geflügel muß der größte Teil der Eingeweide entfernt werden. Beim Vermahlen des Getreides fällt die Kleie ab, bei den Hülsenfrüchten die Schale, bei dem Schälen der Kartoffel verliert man 10—20% des Gewichts, bei den Gemüsen 25—50% und bei Obst sehr häufig 30—40%.

Bei Fischen gibt es immer mehr oder minder reichliche Abfälle beim Essen, ungemein viel fällt ab beim Genuß der kleineren und besonders grätenhaltigen Fische, beim Geflügel, bei manchen Gemüsen wie dem Spargel, abgesehen von den schlechten Gewohnheiten vieler Menschen stets Reste genießbarer Teile liegen zu lassen.

In physiologischer Hinsicht spricht man gewöhnlich nur von den Nahrungsmitteln, welche wirklich verzehrt worden sind. Das muß bei Schätzung und Überlegung hinsichtlich des Einkaufs von Nahrungsmitteln wohl beachtet werden.

Zur Ernährung verlangen wir gesunde Nahrungsmittel, Nahrungsmittel können unter Umständen von Haus aus giftig sein. Es gibt Fischsorten, die zeitweilig giftig sind, Miesmuscheln, Austern haben vielfach zu Erkrankungen Anlaß gegeben, das Fleisch der Schlachttiere kann Finnen und Trichinen enthalten, es kann durch Fäulnis verdorben und deshalb schädlich sein, oder Bakterien enthalten, die den Menschen infizieren. Bei den vegetabilischen Nahrungsmitteln z. B. Getreide, spielte früher, gelegentlich ein Gehalt an Mutterkorn eine wichtige Rolle, auch giftige Samen können bei schlechter Reinigung des Getreides in den Mühlen ins Brot gelangen, die starke Entschälung des Reises führt zur Beri-beri-Krankheit, Verderbnis des Maises zu Pellagra, gekeimte Kartoffeln führen das giftige Solanin, Verwechslungen gesunder und giftiger Schwämme sind nicht selten, auch beim Beerenpflücken kommen solche Fälle vor.

Ein wesentlicher Teil der Gesundheitsschädigungen, insoweit sie durch Ansteckungen von seiten der Mikroben oder Eingeweidewürmern, Trichinen bedingt sind, lassen sich durch das Garkochen des Fleisches verhüten. In vielen anderen Fällen lassen sich Anleitungen zur Verhütung von Vergiftungen leider nicht geben, weil sich solche manchmal weder durch Geschmacks- noch Geruchsveränderungen, noch durch das äußere Aussehen erkennen lassen.

Jedenfalls kann man sich gegen die durch Fäulnis oder Verschimmlung entstehende Veränderung durch richtige Aufbewahrung der Substanzen bei niedriger Temperatur schützen. Man sollte vermeiden auf Vorrat zu kochen und Speisereste aufzubewahren.

Die Anwendung von Chemikalien zur Konservierung unterbleibt am besten.

Ein sehr beliebtes Verfahren besteht in der Herstellung von Büchsenkonserven. Die Nahrungsmittel werden dabei durch Hitze von 100° und darüber von allen lebenden Keimen, die anhaften, befreit (sterilisiert). Nur selten kommen verdorbene Büchsen im Handel vor, dann pflegen die Büchsen aufgetrieben zu sein und lassen beim Öffnen meist stinkende Gase entweichen.

Pasteurisieren bedeutet die Erhitzung auf etwa 70—75°, dieses Verfahren beseitigt nur die leicht abtötbaren Keime. Es wird für Milch und außerdem für Bier, das nach dem Ausland und in die Tropen geliefert wird, verwendet. Pasteurisierte Milch pflegt in kurzer Zeit doch zu verderben, weshalb Vorsicht im Gebrauch solcher Präparate zu empfehlen ist.

Konservierung mittelst Salz, d. h. Wasserentziehung, findet bei Pökelwaren Anwendung, die Austrocknung eignet sich auch für manche Zwecke (Fleischpulver, getrocknete Eier, Dörrgemüse usw., Trockenmilch).

Wenn wir uns unsere Mahlzeit zusammengestellt denken, so kommt uns nicht alles was wir essen wirklich zugute, da die Nahrungsmittel ganz verschieden verdaulich sind. Gewöhnlich faßt man das, was als Stuhlgang abgeht, als unverdaulich auf. Das Entleerte kann der Menge nach oft sehr verschieden sein, weil die Abgänge manchmal sehr wasserhaltig, manchmal aber sehr trocken sind. Sie folgen sich auch nicht in der Weise, daß das Entleerte etwa dem Abfall des vorigen Tages entspricht. Manche Speisen erscheinen (ohne daß ein krankhafter Zustand vorliegt) schon nach 8—10 Stunden im Stuhl, in anderen Fällen kann der Durchgang durch den Darm 3—5 Tage beanspruchen. Im allgemeinen ist eine tägliche regelmäßige Entleerung wünschenswert, weil bei Stauungen sehr leicht Bakterien in das Blut, das normalerweise keine Mikroben enthält, übergehen.

Das Entleerte ist keineswegs allemal Unverdautes, sondern wie bei Fleisch, Eiern auch wohl Milch, ein Rest der Galle und anderer Verdauungssäfte. Speziell erstere entsteht in größerer Menge, wenn die Nahrung eiweißreich ist, bei den Vegetabilien finden sich außer diesen Verdauungsresten immer noch mehr oder weniger Stärke, dann auch Zellmembranen, an denen meist noch Eiweiß haftet. Manche Nahrungsmittel brauchen viel, andere weniger Verdauungssäfte, besonders grüne Gemüse, wie Wirsing, wirken in dieser Hinsicht sehr stark auf die Sekretion ein.

Die Verluste bei der Resorption von animalischen Nahrungsmitteln bewegen sich zwischen 4—5% [der Kalorien[1])], jene des Mehles und Brotes zwischen 4—15%, in den Gemüsen zwischen 13—30%, bei Obst 12—33%. Die Verluste an Eiweiß (d. h. Stickstoff) sind prozentual bei den Vegetabilien weit größer als bei den Animalien.

Die durchschnittlich übliche Kost gibt einen Verlust von 5—6% (in Wärmeeinheiten),

Die Nahrungsmittel haben, je nachdem man sie betrachtet, eine sehr verschiedene Bedeutung und könnten einmal vom Standpunkt der Verwertung in der Küche betrachtet werden. Davon muß in folgendem abgesehen werden. Die andere Seite ihrer Bedeutung betrifft den Gehalt an Nährstoffen. Die Hauptgruppen der letzteren sind das Wasser, das Eiweiß, Fett, die Kohlehydrate und endlich die Salze.

Da sie im Wassergehalt unendlich verschieden sind, ist es für den Laien so gut wie unmöglich, ihren Wert ohne weiteres zu erkennen. Auch die organischen Nährstoffe selbst sind in sehr verschiedenen Verhältnissen gemischt.

Außer der chemischen Feststellung dieser Bestandteile ist es auch notwendig, den Wert zu kennen, den sie als Energieträger haben. Dies läßt sich in einer für praktische Zwecke genügenden Genauigkeit durch Berechnung finden, 1 g Eiweißsubstanz liefert 4,1 kg-Kal. (als Ausdruck des Energiegehalts), 1 g Fett 9,3 und 1 g Kohlenhydrat 4,1 kg-Kal.

Wie verschieden der Gehalt verschiedener Nahrungsmittel und Gerichte an Nährstoffen ist, kann man aus der nachfolgenden Tabelle (S. 12) ersehen.

Die Nahrungsmittel ändern ihr Volum bei der Zubereitung in verschiedener Weise. Aus 100 Teilen Mehl werden 135—140 Teile Brot, das Fleisch nimmt beim Kochen und Braten um 40% an Gewicht ab, Reis, Mais quellen im Wasser auf, die Kartoffel behält beim Kochen in der Schale ihr Volum und Gewicht, die Kartoffelmehle quellen.

Suppen sind Gerichte mit relativ viel Wasser, Breie sind konzentrierter. Die Fettarmut der pflanzlichen Kost wird durch Fettzugabe gehoben, Mehlspeisen und Kuchen sind komplizierte

---

[1]) In folgendem wird als Ausdruck des Energiegehalts die Wärmemenge genommen, die 1 g Trockensubstanz bei der Verbrennung liefert, ausgedrückt in Kilogrammkalorien, d. h. die Wärme, die 1 kg Wasser um 1° C erwärmt.

Gerichte aus Mehl, Milch, Eiern zumeist hergestellt, teils dicht, teils durch Hefegärung gelockert.

Im nachfolgenden findet man die wichtigsten Nahrungsmittel auch in den üblichen Zubereitungen angeführt:

In 100 Teilen frisch	Eiweiß in g	Fett in g	Kohlehydrat in g	Warmeeinheiten
Rohes Rindfleisch	16,9	27,2	—	327
Rindsbraten	27,7	4,4	—	173
Gekochtes Fleisch	30,8	12,8	—	282
Schinken, gekocht	23,6	16,4	—	266
Schweinefleisch, gebraten	24,2	23,6	—	337
Rehfleisch, gebraten ...°.	26,7	4,0	—	166
Gans, gebraten	19,0	48,7	—	545
Huhn, gebraten	24,5	8,5	—	197
Aal, frisch	11,9	25,0	—	290
Hering, frisch	15,0	6,9	—	137
Schellfisch, frisch	16,4	0,2	—	82
Kaviar	28,5	13,3	—	266
Eier (2 Stck. 100 g)	14,1	10,9	—	159
Milch, frisch	3,4	3,6	4,8	67
Butter, frisch	0,9	83,1	0,5	779
Fettkäse	27,2	30,4	2,5	404
Fleischbrühe	0,3	0,3	—	4
Milchsuppe	4,1	4,2	10,2	98
Blutwurst	9,7	9,3	19,5	211
Leberwurst	11,5	22,8	11,4	313
Salami	27,1	46,0	—	559
Kartoffel, gekocht	1,5	0,1	20,0	88
Brot	8,6	0,6	50,6	248
Brotsuppe	1,1	0,5	5,2	27
Kartoffelbrei	2,6	3,2	18,8	118
Erbsenbrei	12,4	0,9	27,4	172
Leguminosensuppe	4,0	0,3	9,0	56
Dampfnudeln	3,2	9,0	23,3	190
Reisbrei	4,7	3,4	14,3	109
Salat	1,4	0,3	2,2	20
Spargel, gekocht	1,4	0,3	1,1	13
Spinat	2,7	0,3	3,0	28
Kohlrabi, gekocht	1,4	4,4	7,0	76
Birnen, Trauben	0,4	—	12,0	69
Äpfelbrei	0,4	—	14,4	61
Walnüsse	16,4	62,7	6,2	707
Rohrzucker	—	—	100,0	400
Schokolade	5,0	17,7	55,5	424
Pralinés	2,9	11,1	72,9	409

Die vorstehende Tabelle zeigt uns den enormen Unterschied im Gehalt an Nährstoffen und Wärmeeinheiten. Die Animalien sind konzentrierte Nahrungsmittel durch ihren Fettgehalt und durch die Eigenschaft, daß sie beim Kochen und Braten sich (mit Ausnahme von Eiern) zusammenziehen Ihr Eiweißreichtum ist groß. Durchschnittlich entfallen fast 30% ihrer Wärmeeinheiten auf Eiweiß.

Die Zerealien und Kartoffeln und die Speisen daraus sind trotz des Zusatzes von Fett meist unter den Werten der Animalien. Der Eiweißreichtum im Verhältnis zu Fett und Kohlenhydraten ist gerade halb so groß wie der der Animalien. Gemüse und Obst (von den Nüssen abgesehen) sind wenig gehaltreiche Speisen, da der Eiweißgehalt kaum ein Drittel so groß ist, wie die betreffende Relation bei den Animalien.

Dabei muß nochmals auf die ungleiche Verdaulichkeit (s. S. 11) verwiesen werden. Der Ausfall bei der Verdauung ist am geringsten bei den Animalien, besonders auch hinsichtlich der Eiweißverluste (ein paar Prozent), bei den Zerealien bewegt sich der Verlust in Grenzen bis zu 14—15% der Wärmeeinheiten und bis zu 40% des Eiweißverlustes. Noch größer sind die Verluste bei Obst und Gemüsen.

Die Essensgewohnheiten, welche wesentlichen Einfluß auf die Art der Nahrungsaufnahme haben, sind die Vorliebe für Süßigkeiten und süße Speisen, wie andererseits die Vorliebe für Butter und Fett, fette Saucen, fette Gemüse usw., wodurch die Kost einseitig reich wird an eiweißarmem Material.

Einzelne Speisen und Nahrungsmittel Tag für Tag zu genießen ist den meisten Menschen unmöglich. Selbst das Brot ausschließlich genossen, widerstrebt nach ein paar Wochen, die täglich aufgenommenen Mengen werden immer geringer unter Verfall der Kräfte. Von manchen Speisen kann man sich überhaupt nicht vollkommen sättigen, weder mit Fleisch allein, noch der Erwachsene mit Milch. Bei Mohrrüben kommt man etwa auf über ein Drittel dessen, was ein Erwachsener notwendig hat, ebenso bei Äpfeln, bei Erdbeeren auf ein Viertel, bei Kohlrüben auf ein Fünftel, bei Wirsing auf ein Siebentel des zum Leben Notwendigen. Die Natur verlangt also eine Abwechslung, wie schon oben hervorgehoben worden ist, die Erfahrung leitet uns, eine rationelle Mischung vorzunehmen.

Die in Deutschland im Durchschnitt verzehrten Nahrungsmittel zeigen folgende Verhältnisse:

Von 100 Wärmeeinheiten treffen auf

Milch	8,29	Kartoffeln	12,2
Käse	1,10	Butter	5,8
Eier	0,80	anderes Fett	4,9
Brot	36,90	Fleisch	13,0
Mehl	5,50	Gemüse, Obst, Reis	3,7
Zucker	7,90		

Mehr als die Hälfte des Eiweißes liefern die Animalien, zwei Drittel der Kalorien die Vegetabilien. Unsere Kost ist also überwiegend vegetarisch, weil die Landwirtschaft eine andere Form der Ernährung uns nicht bieten kann. Die Viehzucht dient uns dazu, die Ernährungsmöglichkeiten zu vermehren, weil sie gewissermaßen aus dem Boden, der für menschliche Nahrungsmittel nicht ertragreich ist, durch Viehfutter Fleisch und Fett und Milch gewinnen läßt.

Wir kennen jetzt den durchschnittlichen Verbrauch an Nährstoffen von etwa 470 Millionen Menschen. Pro Kopf und Tag wird verbraucht:

im Weltmittel 84 g Eiweiß, 63 g Fett, 453 Kohlenhydrate = 2876 kg-Kal.
in Deutschland 81 „   „   81 „   „   411   „   = 2770 „

An Salzen für Deutschland pro Kopf und Tag verbraucht in g:

an Kali	Kalk	Magnesia	Eisenoxyd	Phosphorsäure
4,40	1,22	0,57	0,15	4,47

Diese Mengen sind nicht absolut notwendig, sie ergeben sich rechnerisch aus den verzehrten Nahrungsmitteln, überschreiten vielfach den Bedarf, und beweisen, daß wir für eine besondere Regelung der Salzzufuhr im allgemeinen nicht zu sorgen brauchen. Nicht jedes Nahrungsmittel bietet das, was zum Leben und was zur Ernährung gehört in richtiger Mischung. Um dies leichter anschaulich zu machen, lasse ich noch 2 Tabellen folgen, welche angeben 1. wieviel Nährstoffe organischer Natur sind und 2. wieviel anorganische Stoffe auf 1000 kg-Kal. bei den einzelnen Nahrungsmitteln treffen:

Zum Vergleich seien angeführt: 1000 Kalorien der deutschen Durchschnittskost enthalten g:

Eiweiß	Fett	Kohlehydrat	Kali	Kalk	Magnesia	Eisenoxyd	Phosphorsäure
29,2	29,2	148,4	1,59	0,44	0,21	0,05	1,61

Man nehme sich die Mühe, nachstehende Tabellen mit der vorstehenden zu vergleichen:

1000 kg-Kal. enthalten:

	Substanz in g	Eiweiß in g	Fett in g	Kohlehydrat in g
Schellfisch	1369	234	4	—
Aal	315	40	89	—
Ochsenfleisch, mager	1020	210	15	—
„ fett	306	51	83	—
Muttermilch	1613	24	53	105
Kuhmilch	1492	50	54	72
Fettkäse	247	67	75	6
Butter	128	—	107	—
Ei	629	89	68	—
Weizenmehl	306	31	3	228
Leguminosen	276	71	5	158
Kartoffeln	1020	21	—	214
Gelbe Rüben	2000	20	4	168
Wirsing	2083	69	14	125
Birnen	1449	6	—	174

Auf 1000 kg-Kal. treffen in g:

	Kalk	Magnesia	Eisenoxyd	Phosphors.
Weizen	0,146	0,149	0,015	0,974
Erbsen	0,374	0,600	0,062	2,726
Kuhmilch	2,405	0,286	0,031	2,813
Kartoffeln	0,266	0,494	0,110	1,700
Fleisch	0,151	0,383	0,035	7,248
Weißkraut	2,800	1,028	—	4,885
Salat	7,822	3,314	0,197	4,885

Ein Nahrungsmittel allein eignet sich nicht für die übliche Nahrung, wir brauchen dabei nur die Eiweißwerte ins Auge zu fassen, da Fett und Kohlenhydrate sich ja beliebig vertreten können.

Wählen wir ein animalisches Nahrungsmittel und vergleichen die obigen Zahlen mit der Durchschnittskost (S. 14), so sind sie alle — von Muttermilch abgesehen — zu eiweißreich, sie müssen also mit eiweißarmen oder eiweißfreien Stroffen, z. B. Fett Zucker, gemischt werden, wie das in den praktischen Fällen auch geschieht.

In den Ascheverhältnissen würde die Kuhmilch den gebräuchlichen Verhältnissen mehr als gerecht werden, enorme Überschüsse würden aber die aufgeführten Gemüse ergeben. Bei den Weizen wären die Kalkwerte zu klein, ebenso bei den Kartoffeln und beim Fleisch. Auch hier bringt uns die Mischung den richtigen

Mittelwert zustande. Nebenbei mag beachtet werden, daß das täglich getrunkene Wasser durchschnittlich eine erhebliche Kalkquelle ist. Die soziale Lage bedingt in den meisten Fällen die Zusammenstellung einer Kost, daher hat die Frage, wieviel man für eine bestimmte Menge Geld an Nahrung kaufen kann, auch ihre Berechtigung. Alle Angaben dieser Art schwanken aber oft in recht kurzen Zeiträumen, denn die Preise differieren rasch, sie sind auch in einzelnen Orten verschieden. Nehme ich die Vorkriegszeit als Ausgangspunkt, so hat das insofern eine Berechtigung, als damals längere Zeit stabile Zustände herrschten, denen sich allmählich auch unsere heutigen Preise nähern werden. Aus der nachstehenden Zusammenstellung gewinnt man wenigstens annähernd ein Bild der ungleichen Bewertung der Nahrungsmittel.

Für 1 Mk. erhielt man (Abfälle abgezogen):

	Gramm	Eiweiß	Kalorien
a) Animalien:			
Rinderfett	1042	—	9588
Milch	5140	183	3417
Butter	333	—	2567
Fettes Rindfleisch	640	108	2096
Eier	745	93	1060
Mageres Rindfleisch	770	159	770
Frische Heringe	550	56	593
b) Vegetabilien:			
Kartoffeln	16 660	300	16 852
Leguminosen	4 100	843	13 272
Reis	3 330	233	11 358
Schwarz-Roggenbrot	5 350	257	13 214
Feines Weizenbrot	2 180	175	5 711
c) Gemüse:			
Grünkohl	2500	108	1370
Spinat	1680	67	521
Wirsing	1007	21	242
Rote Rüben	4180	55	1885
Karotten	4150	70	1025
Bier	—	21	1500
Äpfel	1200	3	612
Zucker	—	—	4510

Bei den Animalien ist das billigste der Rindertalg und das teuerste der frische Hering, das zweitbilligste Nahrungsmittel ist die Kuhmilch. Man fährt besser, wenn man gutes Mastfleisch kauft als ein mageres Rindfleisch. Die vier Vegetabilien, welche berufen sind, den Magen der großen Massen zu füllen, sind die Kartoffeln, Leguminosen, Reis und das Schwarzbrot. Weißbrot, Kleingebäcke, Mehlspeisen sind wesentlich teurer. Wenn man immer die Aufforderung hört, man soll doch mehr Gemüse essen, so brauchen wir nur die Tabelle zu betrachten, um einzusehen, daß die billigsten Gemüse, Grünkohl und rote Rüben, teurer sind wie gutes Rindfleisch, Spinat und Wirsing sind viel teurer als die teuersten der aufgeführten Animalien, auch die Äpfel, meist das billigste Obst, gehörten zu den teuersten Nahrungsmitteln.

Zweiter Teil.
Ernährungsweise bei Leibesübungen.
Das Studium der Ernährungsvorgänge.

Die Ernährungsweise eines Volkes setzt sich aus verschiedenen Ernährungsformen der verschiedenen Altersgruppen, der Kinder, der Erwachsenen, der Greise, und je nach den Bedürfnissen, die bei den einzelnen Berufen zu erheben sind, zusammen. Aus der Fülle dieser Einzelformen der Ernährung sollen in dem Folgenden nur jene Gesichtspunkte, welche für Personen, die Leibesübungen pflegen und nach den für Deutschland in Betracht kommenden Verhältnissen wichtig sind, einer Besprechung unterzogen werden. In Betracht kommen die Kinder in der Schulzeit, das Jünglings- und Mannesalter etwa bis zum 40. Jahre. Nach diesem Alter finden sich bereits gewisse Einschränkungen der Leistungen, die ja auch erfahrungsgemäß früher zur Begrenzung der Militärtauglichkeit Anlaß gegeben haben. Damit ist jedoch nicht ausschließlich gesagt, daß nicht doch manche Personen auch nach dieser Grenzlinie noch recht gute und tüchtige Leistungen auf dem Gebiete des Sportes zu vollbringen imstande sind.

Bei Behandlung dieser Fragen spielt die Feststellung der Größe der Leistungen und die Größe des Nahrungsbedarfs, also des quantitativen Elements eine hervorragende Rolle.

Wir müssen daher zunächst auf die Art der Feststellung dieser Verhältnisse auf dem Boden wissenschaftlicher Erkenntnis in Kürze eingehen.

Jede besondere Leistung bedarf einer entsprechenden Zufuhr an Nahrung. Die Lösung dieser Aufgabe läßt sich nicht auf Grund einer einfachen Beobachtung der verzehrten Nahrung feststellen, weil man ja dabei nie weiß, ob der Mensch nicht doch entweder zuviel oder zuwenig Nahrung aufgenommen hat. Bis sich das Zuviel der Nahrung in der Zunahme des Körpergewichts oder das Zuwenig in der Abnahme desselben äußert, darüber können viele Wochen vergehen. Außerdem ist das Körpergewicht kein untrügliches Mittel, da ein Element, das Wasser, manchmal im Körper verbleibt, und gewichtsvermehrend wirkt, ein anderes Mal Wasser aus den Geweben abgegeben wird, und das Gewicht sinkt, ohne daß dies gesundheitlich von Bedeutung wäre. Nicht selten findet bei Gewinn des Körpers an Fett oder Eiweiß ein Wasserverlust, und bei schlechter Ernährung und Verlust von Organmasse ein Zurückhalten an Wasser statt. Durch diese Kompensation kann also der für uns wesentliche Vorgang der Wirkung eines Überschusses der Nahrung und der Mangel an Nahrung ganz verdeckt werden.

Für einwandfreie Untersuchungen müssen wir uns daher anderer Methoden bedienen, die in Kürze skizziert werden sollen. Diese geben uns für jeden einzelnen Tag eine sichere Antwort, ohne daß wir auf die Körpergewichtsänderungen Gewicht zu legen brauchen.

a) Methodik, für Versuche von längerer Dauer und Tagesversuche:

1. Zunächst muß die Nahrung einer Versuchsperson chemisch und auf ihren Wärmewert genau untersucht werden und das wirklich Verzehrte festgestellt werden. Außerdem ist der verzehrte Sauerstoff zu messen.

2. Müssen sämtliche Stoffe, die den Körper verlassen, bestimmt werden, also die Ausscheidungen durch die Lunge, die Haut, durch Harn und Kot. Auch sind wir in der Lage, im Bedarfsfalle die Energieverluste durch Arbeit und Wärme genau zu verfolgen.

3. Nach diesen Feststellungen kann man genau sagen, was im Körper bei der Ernährung vor sich gegangen ist. Wir wollen zunächst das einfachste Verfahren betrachten:

In Harn und Kot tritt das Element Stickstoff in der Norm von verschiedenen organischen Verbindungen aus. Der Stickstoff rührt aus jenem Eiweiß her, das der Mensch im Körper verbraucht und abgebaut hat. Es genügt weiter, die Ausscheidung von Kohlenstoff in Harn und Kot zu kennen. Ist mehr Stickstoff in den Ausscheidungen als in der Aufnahme, so rührt es von einem Zerfall der Zellen her, ist weniger in den Ausscheidungen als in der Aufnahme, so hat der Körper Eiweiß gewonnen.

4. Um die Ausscheidungen aus Haut und Lunge abzufangen, muß bei diesen Versuchen der Mensch sich in einem „Respirations-

apparat" einer großen Kammer (Raum für Bett, Tisch und Stuhl) befinden, die an sich luftdicht verschließbar, von einem Strom frischer Luft durchzogen wird. Aus letzterem nimmt der Mensch den Sauerstoff auf und gibt dafür Kohlensäure und Wasser (manchmal auch andere Gase) ab. Wasser und Kohlensäure lassen sich durch Untersuchung der in den Apparat einströmenden und der aus ihm ausströmenden Luft bestimmen, wie auch die ganze Menge von Luft, die den Apparat durchströmt hat. Auch die Veränderung des Sauerstoffgehalts der Luft läßt sich messen. Unter Beachtung noch einiger weiterer Kautelen kann man aus diesen Versuchen erfahren.

a) wieviel Wasser der Mensch aufgenommen und wieviel in der Atmung, in Harn und Kot abgegeben hat,

b) wieviel er Stickstoff und wieviel er Kohlenstoff (in Atmung, Harn und Kot) ausgeschieden hat.

c) Da auf 1 Stickstoff der Ausscheidung 3.25 Kohlenstoff in Eiweiß treffen, so bleibt nach Abzug dieses Wertes

d) ein Rest Kohlenstoff, der aus Fett und Kohlehydraten herrührt und da die

e) in der Nahrung aufgenommenen Kohlehydrate zuerst verbraucht sind, so bleibt nach Abzug ihres Kohlenstoffgehaltes evtl. ein Kohlenstoffrest, der dem Fett entspricht.

Die experimentelle Untersuchung gibt uns also in Kürze einen ganz genauen Einblick in alle Vorgänge des Körpers, die sich im Innern abspielen.

Wenn man die ausgeschiedene Kohlensäure und den verzehrten Sauerstoff vergleicht, so findet man, daß die Volumen beider dieselben sind falls Kohlehydrate verbrennen, wenn aber außer Kohlenstoff noch Wasserstoff verbrennt, so sind die Verhältnisse von Kohlensäure und Sauerstoff so, daß letzterer überwiegt. Das ist der Fall bei Verbrennung von Eiweiß und Fett.

Der Quotient $\frac{\text{Volum Kohlensäure}}{\text{Volum Sauerstoff}}$ wird respiratorischer Quotient genannt, er ist $= 1$ bei Kohlehydraten, 0,7 bei Fetten, 0,8 bei Eiweiß. Die Bestimmung des Quotienten kann für die Versuche zu einer Art Kontrolle dienon.

Statt eines Respirationsapparates kann auch ein Respirationskalorimeter angewandt werden, das die Wärmemessung zugleich mit dem Stoffwechsel verbindet. Die weitere Beschreibung dieses Verfahrens muß hier beiseite gelassen werden.

Kennt man die verbrauchten Stoffe, so läßt sich der Energieverbrauch auch berechnen (indirekt Kalorimetrie): 1 g Eiweiß und 1 g Kohlenhydrat liefern 4,1 kg-Kal., 1 g Fett 9,3.

Zum Studium der Leibesübungen, die ja, wenn sie nicht Dauerleistungen darstellen, sich in kurzer Zeit abspielen, haben wir eine besondere Art der Methode notwendig.

b) Methodik für kurzdauernde Versuche. Sie kann zwar auch bei länger dauernden Versuchen in der Form angewendet werden, daß man Stichproben in bestimmten Zeitintervallen nimmt, doch ist dies Verfahren wenig im Gebrauch:

Die Apparatur beruht darauf, daß nur die Atemgase zur Untersuchung benutzt werden.

Es wird durch einen mit Mundstück versehenem Schlauch bei verschlossener Nase geatmet, die Luft zirkuliert durch ein Röhrensystem, in das Absorptionsgefäße für die Wegnahme von (Wasserdampf und) Kohlensäure eingeschaltet sind. Da hierdurch das Volum der zirkulierenden Luft kleiner wird, strömt aus einem Sauerstoffbehälter Sauerstoff nach der genau gemessen wird. Es läßt sich dann der respiratorische Quotient bestimmen und aus ihm, falls man den Eiweißverbrauch annähernd kennt auch die Größe der Wärmebildung berechnen. Die Dauer des Versuches überschreitet meist 10—20 Minuten nicht.

Bei den Leibesübungen wird man, wo dies möglich ist, die geleistete Arbeit mittels geeigneter Meßinstrumente in Kilogrammetern feststellen, z. B. durch Heben bestimmter Lasten (Zahl der Übungen und Hubhöhe).

Geeignete Instrumente liegen vor für die Arbeit an der Kurbel mit den Armen oder für die Arbeit beim Radfahren usw. 425 kg/m entsprechen einer Kilogrammkalorie als Wärmeäquivalent.

Die meisten Einrichtungen der Respirationsapparate mit Mundatmung erfordern feste Aufstellung, doch ist die Technik in der Lage, Apparate herzustellen, die z. B. beim Marschieren oder anderen Arbeitsverrichtungen im Freien benutzt werden können.

Die Muskulatur und ihr Stoffwechsel.

Jede Bewegung, welche für diesen Zweck bestimmte Organe machen, bedingt eine Vermehrung des Verbrauchs an Nährstoffen im Körper unter Steigerung der Wärmebildung. Außerdem kann ein Teil des Mehrverbrauchs der Energie auch in Form von äußerer Arbeit abgegeben werden.

Organe, welche bestimmt sind, Bewegungen auszuführen, heißen Muskeln. Wir unterscheiden deren zwei Arten, die leicht durch das Mikroskop zu unterscheiden sind.

a) Die organischen Muskelfasern bestehen aus kleinen, kurzen spindelförmigen Zellen, sie kommen hauptsächlich in den Verdauungsorganen mit der Speiseröhre beginnend vor. Außerdem in der Haut, der Harnblase und in den Gefäßen. Sie spielen bei unseren weiteren Betrachtungen keine Rolle als Muskelleistung an sich und unterstehen dem Willen nicht.

b) Die animalischen Muskelfasern sind lange, sogar sehr lange dünne Zellen mit Querstreifung. Mit Ausnahme des Herzens sind sie alle willkürlich beweglich. In der Farbe liegen Unterschiede vor. Man spricht von blassen und roten Muskeln, bei manchen Tieren sind sie leicht zu unterscheiden, die ersteren eignen sich zu raschen Bewegungen, die roten langsamer beweglichen geben kräftige Zusammenziehungen. Beim Menschen sind beide Muskelarten miteinander gemischt. An die Muskelfaser tritt stets eine feine Nervenfaser heran und übermittelt den Reiz zu Bewegungen vom Gehirn aus über das Rückenmark oder auch direkt vom Rückenmark aus.

Vom Gehirn kommen die willkürlichen Reize, vom Rückenmark Reflexreize und die automatischen Bewegungen, d. h. solche, die wir unmerklich oft geübt haben und die deshalb einer besonderen Überwachung durch das Gehirn nicht mehr bedürfen.

Je mehr Muskelfasern gereizt werden, um so kräftiger ist die Leistung. Eine ganz schnell verlaufende Bewegung nennt man Zuckung, wenn aber viele Reize nacheinander den Muskel treffen, so entsteht eine Dauerzusammenziehung, auch Tetanus genannt. Bei den natürlichen Bewegungen treffen den Muskel etwa 50 Reizungen in der Sekunde und mehr. Dabei kann eine Verkürzung auf ein Drittel der Länge des Muskels eintreten.

Beim Menschen machen im erwachsenen Zustand die Muskeln 43,09% des Gesamtgewichtes des Körpers aus, das Skelett 15,35%, der ganze Bewegungsapparat 58,4%, die Lungen 2,01%, das Herz 0,52%. Beim Neugeborenen rechnen wir für die Muskeln 28,4%, für das Skelett 16,7%, für beide zusammen 40,1%, für die Lungen 2,16%, für das Herz aber 0,89%.

Während das Gewicht von der Geburt bis zum Erwachsensein um das 19fache steigt, nehmen die Muskeln um das 48fache, die Lungen um das 20fache und das Herz um das 12,5fache zu.

Das Herz ist also in der Jugend schon relativ stark entwickelt. Besonders frühzeitig entwickelt sich das Gehirn mit 14,34% des Gesamtgewichts beim Neugeborenen, beim Erwachsenen beträgt es 2,37%, nach den absoluten Gewichten nimmt es nur um das 3,7fache zu.

Die größte Masse der Muskulatur liegt in den Beinen = 56% aller Muskeln, für die Bewegung der oberen Extremitäten dienen 28%, für die Bewegungen von Kopf und Rumpf 16%. Von der Rumpfmuskulatur dient ein erheblicher Teil wesentlich nur für Atemzwecke.

Die Muskulatur ist in ihrer Masse wesentlich von der Ernährung abhängig; sobald die Nahrung zu gering ist oder der Mensch hungert, schwindet sie. Bei einem Verhungerten haben die Muskeln 70% ihres Gewichtes eingebüßt, die Lungen um 30%, das Herz um 55%. Die Leistung der Muskeln nimmt mit fortschreitendem Hunger und durch Unterernährung ab. Auch bei Krankheiten kann ein ähnlicher Verfall der Muskeln eintreten.

Sie können durch richtige Ernährung wieder aufgebaut werden. Von den Muskelfasern sind nicht etwa bei Hunger größere Mengen abgestorben, während andere sich erhalten haben, sie büßen alle von ihrem Inhalt ein. Der Aufbau erfordert eine reichliche Zufuhr von Eiweiß. Am besten wird man mit einem Gemisch der Nahrung, das 30% der Wärmeeinheiten in Eiweiß enthält oder etwas darüber, auskommen. Jedenfalls soll aber die Grenze von 50% Eiweiß nicht überschritten werden.

Außer der Regulation der Ernährung der Muskeln durch geeignete Nährstoffzufuhr gibt es noch ein spezielles Wachstum der Muskeln durch funktionelle Übung, welche bei den Leibesübungen besonders in die Erscheinung tritt. Nach den bisherigen Erfahrungen bedarf es zu dieser spezifischen Umformung der Muskeln der sog. Schwerathletik, wobei den Muskeln sehr große sekundliche Leistungen aufgebürdet werden, mäßige Dauerleistungen haben nicht diesen Erfolg. Vermutlich bedingen maximale Leistungen im längeren Training eine stärkere Entwicklung des Blutstromes, durch den eine einseitige Überernährung der Muskeln sich ausbilden kann.

Bei der Arbeit der Muskeln wird meist auch das Gehirn mit beschäftigt. Je nach der Art der Arbeit ist eine verschiedene Aufmerksamkeit erforderlich. Beim Bergsteigen muß das Auge das Terrain scharf beobachten und jeder Schritt muß unter Umständen anders gesetzt werden als der andere. Beispiele ähnlicher Art ergeben sich viele.

Im praktischen Leben, besonders im Gewerbe- und Fabrikbetrieb, wiederholen sich dieselben Arbeiten täglich. Es kommt nicht nur zum Training bester Leistungen, sondern auch zu rein mechanischer Fertigkeit, das Gehirn braucht nicht weiter dabei zu überlegen. Gehen auf einer Strecke ohne besondere Hindernisse geschieht sehr oft, ohne daß es uns bewußt wird. Die Arbeit ist allmählich automatisiert, das Gehirn entlastet, und der ganze Bewegungsprozeß wird vom Rückenmark aus geleitet.

Durch eine einfache Überlegung hat man sich früher bestimmen lassen, auszurechnen, daß der arbeitende Muskel für seine Leistung Eiweiß notwendig hat. Man dachte sich, die Arbeit zerreibe den Muskel, und was verlorengeht, müßte doch wiederersetzt werden, also wäre Eiweiß hierfür in der Kost notwendig. Tatsächlich verhält es sich aber ganz anders.

Bei der Muskeltätigkeit werden nur Fett oder mit demselben oder an dessen Stelle Kohlehydrate verbrannt. Unter normalen Verhältnissen sieht man niemals eine Erhöhung des Eiweißverbrauchs bei Arbeit, auch wenn der Körper von einem Minimum an Eiweiß lebt.

Ausnahmefälle sind nur gegeben bei ganz schweren erschöpfenden Leistungen und herabgekommenem Körper. Auch da wird nicht das Eiweiß die Quelle der Kraft, es läßt sich aber eine mäßige Erhöhung des Eiweißverbrauchs nachweisen. Man kann dabei den Nahrungsmangel im Körper als Ursache ansehen oder wie bei abgehetzten Tieren vielleicht die Störung der Atmung und den Mangel der Sauerstoffzufuhr. Wir müssen also annehmen, daß nur Fette und Kohlehydrate die notwendigen Nährstoffe für den tätigen Muskel sind.

Im Gegensatz zur muskulären Tätigkeit steht der Schlaf; die Muskeln, außer Atem- und Herzmuskeln, ruhen. Allerdings sind auch von seiten des Gehirns Änderungen gegeben, indem die Tätigkeit der Sinne und das Bewußtsein ausgeschaltet ist; doch macht diese psychische Umstellung so gut wie keine Wirkung auf den Stoffwechsel. Künstlich kann man den Körper durch absolute Ruhe, welche man beibehält, für kurze Zeit auch schlafähnlich einstellen.

Wenn das bei nicht zu kühler Temperatur geschieht und die Aufnahme von Nahrung 14—16 Stunden hinter uns liegt, kommt man, was den Energieverbrauch anlangt, auf ein Minimum, das für den einzelnen auch in längeren Zeiträumen nur wenige Schwankungen zeigt, während beim Vergleich verschiedener Personen die Abweichungen allerdings größer sind. Man nennt den Stoff- und Energieverbrauch, den man dabei nachweisen kann, den Basalstoffwechsel. Dabei gehen alle vegetativen Vorgänge weiter, die Verdauung, die Resorption, die Bewegung der Gedärme, die Hautsekretion, alle Vorgänge, die den Stoffwechsel, vor allem den Eiweißstoffwechsel betreffen. Von motorischen Funktionen aber haben wir nur noch die Atmung und die Herzbewegung.

Insoweit es sich um den Eiweißverbrauch handelt, hängt dieser im Basalstoffwechsel, weil ja dabei die Nahrung ausgeschlossen ist, von dem Fettgehalt des Körpers ab. Je fetter ein Organismus, desto mehr Fett und desto weniger Eiweiß verbraucht er, mit zunehmender Magerkeit wächst, wenn die Nahrungsaufnahme fehlt, die Größe des Eiweißverbrauchs.

Der Konstitution kommt also eine wichtige Bedeutung für den Stoffwechsel zu. Aber auch für die Tauglichkeit zu Leibesübungen. Fettarmut erleichtert die Muskelarbeit, weil sie die damit zu bewegende tote Last verringert, weil das Zwerchfell bei der Atmung durch das Bauchfett nicht behindert wird, weil bei Mangel an Fettauflagerung am Herzen die Arbeit des Herzens erleichtert wird. Die bei Arbeit erzeugte Wärme fließt durch die magere Haut leicht ab, es kommt daher nicht so leicht zur Schweissekretion, die leicht zur Ermüdung des Arbeitenden führt. Der Training führt allmählich durch Fettschwund zu einem leistungsfähigen Körper. Damit soll einer übertriebenen Magerkeit nicht das Wort geredet werden, ein mäßiger Fettvorrat kann bei konsumierenden Krankheiten auch lebensrettend wirken.

Die Konstitution, das Verhältnis von Eiweiß, d. h. Zellenmasse zu Fett, verlangt eine ganz bestimmte Art der Ernährung.

Man kann zwar bei sozusagen jedem Grad der Magerkeit eine Ernährung mit wenig Eiweiß und Fett aber reichlich Kohlehydraten durchführen. Reicht aber diese Nahrung, etwa durch gehobene starke Arbeitsleistung, nicht aus, so schnellt der Eiweißverbrauch in die Höhe, die Organe verlieren von ihrem Eiweiß, bei gleichbleibender Kost kann dieser Verlust nicht wieder gedeckt werden.

Soll daher die gute Körperbeschaffenheit sichergestellt werden, so muß in demselben Maße, wie die Magerkeit zunimmt, auch die Relation zugunsten des Eiweißes verändert werden. Aus diesem Grunde steht der Eiweißgehalt des Stoffwechsels in direktem Zusammenhang mit der Konstitution.

Neben dem motorischen und dem Basalstoffwechsel haben wir noch eine dritte Komponente, die Wirkung der Nahrung.

Denken wir uns den Menschen zunächst ohne Nahrung und geben ihm dann entweder Eiweiß, oder Fett, oder Kohlehydrate, so nimmt der Energieverbrauch gegenüber dem Basalstoffwechsel bei Eiweiß um 40% zu, während Kohlehydrate und Fett einen geringen Einfluß ausüben. Man nennt das die spezifisch-dynamische Wirkung der Nahrung. Ein Gemisch der drei Nahrungsstoffe, wie wir es gewöhnlich aufnehmen, steigert den Energieverbrauch um 7—11%.

Auf eine vierte Form des Stoffwechsels, die Einwirkung der Kälte (chemische Wärmeregulation), die bei Tieren großen Einfluß hat, brauchen wir bei unseren Beobachtungen nicht näher einzugehen.

Die drei Teilstücke des Stoffwechsels: 1. motorischer Energieverbrauch, 2. Basalstoffwechsel, 3. Nahrungswirkung (spezifischdynamische Wirkung), sind völlig voneinander unabhängige Vorgänge und fügen sich rein additiv aneinander.

Das vierte hier nicht berücksichtigte Teilstück, die chemische Wärmeregulation, erhöht bei niederer Temperatur den Basalstoffwechsel, kann sich auch mit den Nahrungswirkungen völlig kompensieren.

Kennt man die Konstanten, d. h. die Werte für die drei Komponenten und die Zeiten für Basalstoffwechsel und motorische Funktionen, so läßt sich ein Bild der Gesamtleistung der Ernährung auch durch Rechnung annähernd finden, was für unsere weiteren Betrachtungen von großer Wichtigkeit ist.

Die verschiedenen Grade der Bewegung. Charakterisierung der Berufe.

Das gesunde Leben soll sich aus Arbeit, Ruhe und Spiel zusammensetzen. Jeder normale gesunde Mensch hat den Trieb, seine Muskeln zu betätigen. Der Trieb ist in den verschiedenen Lebensaltern grundverschieden. Das Kind macht in seiner Entwicklung das Spielalter durch, dann kommt allerdings das Lernalter, das dem fröhlichen Drang nach ungehemmter Bewegungslust Eintrag tut. Durch Tätigkeit werden nicht nur die Muskeln gestählt, auch die Persönlichkeit der jungen Leute gewinnt an Mut und Unerschrockenheit.

Noch schärfer als die Schule schränken die äußeren Verhältnisse den Bewegungsdrang ein. Je nach der sozialen Lage verschieden. Sobald es die gesetzlichen Vorschriften erlauben, finden die einen ihre Unterkunft im Gewerbe und andere in Fabriken. Die Studierenden aber verbringen ihr junges Leben auf den Mittelschulen, dann auf den Hochschulen in geistiger Beschäftigung bei sitzender Lebensweise. Häufig genug erfordert auch der Beruf eines Erwachsenen den Aufenthalt im geschlossenen Raume. Ein großer Teil der Männer kommt also seit Beginn der Schulzeit aus einem Leben ohne reiche Betätigung der Muskeln nicht mehr heraus. Alles ruht doppelt schwer auf der Jugend der Städte, der es auch in der Freizeit an der Möglichkeit zu körperlicher Betätigung zumeist fehlt.

Weil aber die geistige Arbeit auch ermüdend auf die Muskulatur übergreift, fehlt vielfach überhaupt das Verlangen nach einem gesunden Ausgleich der sitzenden Lebensweise durch körperliche Betätigung.

Die neuere Zeit hat in diesen Beziehungen endlich entschiedene Verbesserungen gebracht und die schlummernden Bedürfnisse nach Spiel und Sport geweckt. Nicht nur Muskelpflege, sondern Gesundheitspflege überhaupt bedeuten sie, weil sie, richtig im Freien betrieben, Hebung der Lungenpflege und Hautpflege ermöglichen, die der Aufenthalt in geschlossenen Räumen so dringend erfordert. Die Neuzeit mit ihren knappen Wohnräumen und der verdorbenen Luft fordert dringender als je die Bewegung im Freien und Aufenthalt in Sonne und frischer Luft. Darum ist auch niemandem mit einigen turnerischen Übungen zu Hause gedient. Da aber nicht jeder gleichartig mit anderen unter seinem Beruf leidet, muß der Ausgleich, den Spiel, Sport und Leibesübungen zu bieten haben, nach Bedarf sich formen. Auf diese Einzelheiten der beruflich abgestuften Körper- und Muskelpflege kann in folgendem nicht näher eingegangen werden.

Über die Mengen der bei Leibesübungen notwendigen Nährstoffe.

Gewiß wird der einzelne sich von den eigenen Empfindungen leiten lassen, wenn es auf die Befriedigung seiner Nahrungsbedürfnisse ankommt, aber andererseits kann man es doch nicht entbehren, darüber sich Rechenschaft zu geben, inwieweit im Durchschnitt der Nahrungsbedarf sich durch Leibesübungen ändert. Um diese Frage zu beantworten, bedarf es einer eingehenden kritischen Sichtung unserer Kenntnisse und Erfahrungen. In nachfolgendem verstehe ich unter Kalorienwerten den Aufwand nach Abzug des Unverdaulichen der Nahrung, die sog. Reinkalorienwerte. Wir betrachten also zunächst die Ernährung ganz unabhängig von der Eigenart irgendeiner Nation. Wie man den Kalorienwert in der Speiseordnung eines Landes umsetzen will und muß, ist eine später zu behandelnde Frage. Als Körpergewicht wird einheitlich 70 kg angenommen.

Wie schon früher angeführt worden ist, läßt sich der Stoffwechsel aus drei voneinander unabhängigen Komponenten ableiten: dem Basalstoffwechsel, der spezifisch-dynamischen Wirkung und dem motorischen Aufwande. Wenn man die für die einzelnen Komponenten zugehörigen Werte und die Zeit, innerhalb welcher diese Komponenten wirksam sind, kennt, so läßt sich synthetisch der Nährstoffverbrauch mit großer Annäherung erheben.

Für den Basalstoffwechsel kann man auf recht breiter Grundlage 1633 Kalorien pro Tag = 68 kg-Kal. pro Stunde annehmen. Die spezifisch-dynamische Wirkung erhöht die Summen der Nährwerte des Basalstoffwechsels und des motorischen Bedarfs bei der üblichen Kost um 10,84%.

Mittlerer Verbrauch an Nährstoffen während eines Tages der Woche, aus 6 Arbeitstagen und 1 Ruhetag berechnet.

	Reinkalorien für Körpergewichte von 70 kg[1])	Kal. für Muskelbewegung[2])
Büroarbeit (Schreiben)	2594	602
Schneider	2719	839
Hauswart, Laborant, Diener	2895	973
Sportvorschlag	3191	1173
Schreiner und ähnliche Berufe	3257	1274
Schwerere Arbeiten	3776	1724
Bauern, Erntearbeit	4338	2279
Holzfäller (Winterarbeit)	5600	3360

[1]) Frühere Militärverpflegung (inkl. Getränke)

			Kal. für Muskelbewegung
Garnisondienst	3263	Reinkal. insgesamt	1275
Manöver	3438	,, ,,	1522
Kriegsration	3750	,, ,,	1674

[2]) Eine Stunde Basalstoffwechsel 68 Kal. Eine Stunde sitzend oder schreibend inkl. Basalstoffwechsel 103 Kal. Eine Stunde „Ruhe", wo auch die Lage verändert wird, Bewegungen mäßiger Art gemacht werden inkl. Basalstoffwechsel 116 Kal.

In der vorstehenden Tabelle habe ich eine Reihe von Berufen, die uns als Typen dienen können, zusammengestellt. Zum Teil beruhen die Angaben auf praktischen, längeren Beobachtungen über den Nahrungsverbrauch, zum Teil sind sie nach den direkten Beobachtungen über die Arbeitsleistung für den ganzen Tag, d. h. für Ruhezeit, Schlafzeit von mir umgerechnet und ergänzt. Unter „Sportvorschlag" verstehe ich Werte, welche sich unter der Annahme ergeben haben, daß neben den üblichen Berufen, die etwa der Büroarbeit entsprechen, die Leibesübungen als gesundheitliche Ergänzung aufgenommen werden.

Alle Zahlen sind Durchschnittswerte von 6 Arbeitstagen und 1 Ruhetag. Vorschläge dieser Art sind niemals für einen Tag bindend; wie es die Natur eben fordert wird an dem einen Tag mehr und an dem anderen Tag weniger Nahrung verbraucht.

Der Sportvorschlag bewegt sich zufälligerweise um die Grenzen jenes Nahrungsbedarfs, den man sonst für leichte gewerbliche Berufe angenommen hat. Er soll jenes Maß der Bewegung gestatten, das zum gesunden Leben im Durchschnitt notwendig und ausreichend ist. Wir sehen weiter, daß im eigentlichen Gewerbebetrieb erhebliche Umsätze von Nahrungsstoffen vorkommen, wie bei der Erntearbeit oder den Holzknechten im Gebirge, die im Winter Holz fällen und zu Tal bringen.

Auch im Sport kommen vorübergehend Einzelleistungen vor, die sogar weit über die aufgeführten Grenzen hinausgehen.

Uns interessiert auch, wieviel Energie für die Muskeltätigkeit im Tag aufgewendet wird, das läßt sich auf Grund der angenommenen Grundlagen leicht berechnen wenn man Nahrungswirkung und Basalstoffwechsel von der Gesamtsumme des Verbrauches abzieht. Die entsprechenden Zahlen sind unter der Bezeichnung Kal. für Muskelbewegung aufgeführt.

Zwischen dem Schreiber und dem Holzfäller beträgt der Unterschied in dem motorischen Aufwand das Fünffache. Die Leistungen werden aus sehr verschiedenen Muskelgruppen genommen. So kann z. B. eine einförmige Fabrikarbeit, die nur beschränkte Muskelgruppen, aber in langer Arbeitszeit in Funktion setzt, ermüdender und unangenehmer wirken als die Arbeit des Holzfällers, der so ziemlich aller seiner Muskelgruppen bedarf, um sein Handwerk zu betreiben. Eine Frage, die besonders zu lösen ist, wäre die Feststellung rationeller Arbeit, d. h. jener, welche den Effekt mit geringstem Aufwand an motorischer Energie erreicht. Daß nicht in allen Berufen rationell gearbeitet wird, steht sicher. Die Überschreitung der optimalen Grenzen führt jedenfalls zu stärkerer und früher eintretender Ermüdung. Nehmen wir als Beispiel einen achtstündigen Marsch ohne Gepäck bei 5 km Stundenleistung = 40 km im Tag, so würde ein Mann 4196 Kalorien im Tag gebrauchen, so viel also wie ein Erntearbeiter und der motorische Aufwand wäre im ganzen 2279 kg-Kal. (für das Gehen allein pro Stunde 220 kg-Kal.). Würde der Mann aber nur 3,6 km pro Stunde machen, so ist der Verbrauch für das Gehen nur 144 Kalorien, statt der (8 · 220) = 1760 Kalorien Gehaufwand bei 8 Stunden würde bei dem langsamen Gehen 12,2 Stunden marschiert werden müssen, um die gleiche Strecke zu erreichen, der Aufwand für den ganzen Tag wäre aber nur 3552 kg-Kal. Der langsam gehende Mann spart also an Umsatz. Um die synthetische Rechnung zu erleichtern, habe ich in der Anmerkung vorstehender Tabelle (S. 28) auch einige Konstanten aufgeführt, die außer dem Basalstoffwechsel noch Angaben über wichtige Ruheformen geben.

Unter dem Typ „Büroarbeiter" sind jene Berufe gemeint, bei denen die motorische Arbeit so gut wie nicht in Betracht kommt. Natürlich werden auch in geschlossenen Räumen Bewegungen gemacht, die aber ohne größere Bedeutung sind. Die Änderung der Dienstzeit bedingt dabei keine Änderung des Stoffverbrauchs, die Ermüdung ist in allen diesen Fällen eine psychische. Zu den leichten Gewerben gehört der Schneider. Sehr viele Fabrikarbeiten erfordern nicht mehr motorische Arbeit wie das Schneidergewerbe, weshalb auch die Einstellung von Frauen zulässig ist. Das Nähmaschinennähen dagegen geht weit über die Leistung des Handnähens hinaus, wenn es als alleinige Tagesarbeit in Betracht kommt.

Die Sporternährung hat keine Anwendung zu finden für extreme Leistungen, auf die wir noch einzugehen haben. Schwere Arbeit kann man dauernd nur leisten, wenn die dazu notwendige Nahrung verzehrt und verdaut werden kann. Wir können also durch ein sicheres Kriterium die Möglichkeit der Dauerleistungen begrenzen.

Nach meinen eigenen Erfahrungen überschreitet die Nahrungsaufnahme eines Mannes von 70 kg mit 5589 Reinkalorien im Tag schon die Grenzen der guten Leistungsfähigkeit des Darmes. Um solche Nahrungsmengen überhaupt einzuführen, muß man bis zu 350 g Fett im Tag in die Höhe gehen, dabei ist aber die Grenze einer vollen Verdaulichkeit des Fettes schon überschritten.

In der Literatur sind eine Reihe sportlicher Leistungen aufgeführt, bei denen der tägliche Kalorienverbrauch weit über diese schon recht extremen Werte hinausgeht. In einem Falle, in welchem die Arbeit wirklich gemessen wurde (2600 Kilogrammmeter pro Minute), war der Verbrauch in 24 Stunden = 11 000 Kal.

Wenn wir selbst den konzentrierten Nährstoff — Fett — annehmen, so würde dieser Mann 1180 g Fett notwendig gehabt haben; aber schon ein Drittel dieser Menge geht über die Leistungsfähigkeit eines guten Darmes hinaus. Noch viel weniger sind andere Nahrungsmittel in der Lage, einen solchen Verbrauch zu decken.

In diesen Fällen handelt es sich immer darum, daß der größte Teil der verwendeten Kalorien vom Körper selbst geliefert wird, und zwar durch Abgabe von Fett und außerdem von Kohlehydraten — genannt Glykogen —, die sich bei Mensch und Tier, namentlich bei kohlehydrathaltiger Nahrung, reichlich in der Leber und in den Muskeln finden.

In Ergänzung der Tabellen mögen noch folgende Angaben über den Energieverbrauch bei einigen wichtigen Arbeitsformen gemacht werden, die für den Städter, wie für Leute auf dem Lande, wichtig sind, wenn der Weg zur Arbeitsstätte zu Fuß oder zu Rad zurückgelegt werden muß.

Ein Erwachsener von 70 kg verbraucht in der Stunde, abgesehen vom Basalstoffwechsel (68 Kalorien), folgende Mengen von Kilogrammkalorien:

    beim Gehen mit 3,6 km pro Stunde 144
    bei 5 km Geschwindigkeit. 206
    „ 6 „   „   283

Wenn ein Mann zu seiner Arbeitsstelle 5 km zu gehen hat und mit einer Geschwindigkeit von 3,6 km marschiert, braucht er 83 Minuten und verbraucht 200 kg-Kal.; für 6 km würde er 100 Minuten brauchen bei einem Aufwand von 238 kg-Kal. Würde er aber den Weg in einer Stunde machen, so wäre der Verbrauch 283 kg-Kal.

Wenn er also Zeit hat, geht er besser etwas langsamer als 6 km pro Stunde. Für 8 km Entfernung würde der Mann bei 3,6 Kalorien Geschwindigkeit pro Stunde 133 Minuten notwendig haben und 319 kg-Kal. als Geharbeit leisten. Würde er sich aber beeilen und in einer Stunde diesen Weg von 8 km machen, so wäre dazu ein Aufwand von 660 kg-Kal. notwendig. Das schnellere Gehen bedeutet also einen ganz außergewöhnlichen Aufwand an Kraft.

Das Rad ersetzt heute bei den Arbeitern auf dem Lande den Fußmarsch und mit Recht. Bei gutem Wetter ohne Steigung, guter Pflasterung und ohne Wind verbraucht der Radfahrer mit 9 km Stundengeschwindigkeit 183 kg-Kal, die Wegestrecke von 3,6 km macht der Radfahrer statt in einer Stunde wie der Fußgeher in 24 Minuten und braucht statt der 144 Kalorien des Fußgehens nur 73,2 kg-Kal. Also halbe Zeit und halbe Arbeit. Für 6 km Weg braucht der Fahrer 40 Minuten (bei 9 km Geschwindigkeit) und konsumiert 122 Kalorien, beim Gehen 283, für 8 Kilometer Weg ist die Dauer der Fahrt 55 Minuten, der Konsum 167 Kalorien, beim Gehen aber 660. Der Fahrer ist dem rasch Marschierenden stark überlegen und braucht nur ein Viertel des Energieverbrauchs des letzteren. Bei 15 km Fahrt pro Stunde ist der Energieverbrauch 396 Kalorien, der Fußgeher mit 3,6 km Geschwindigkeit würde zu 15 km allerdings statt eine Stunde 253 Minuten, d. h. über 4 Stunden, brauchen, bei einem Energieverbrauch von 600 Kalorien. Obschon der Fahrer nicht mehr optimal arbeitet, ist er aber doch noch dem Fußgänger überlegen.

Der Fahrer braucht bei 6 km Stundengeschwindigkeit für 15 km 150 Minuten und 305 Kalorien, bei 8 km Stundengeschwindigkeit für 15 km 112 Minuten und 314 Kalorien, bei 15 km Stundengeschwindigkeit für 15 km 60 Minuten und 396 Kalorien.

Aus den vorliegenden Angaben läßt sich eine Vorstellung gewinnen für den Energieverbrauch, für den Weg zur und von der Arbeit oder für eine Betätigung im Dienst der Leibesübungen.

Soweit der großstädtische Verkehr in Betracht kommt, spielt die Beförderung mit Eisenbahn, zu Wasser, Fahrt mit Tram und Omnibus wesentlich mit. Insoweit dabei häufig die Fahrten stehend durchgemacht werden müssen, sind sie Anstrengungen des Körpers, nicht wegen des Stehens allein, groß, sondern wegen der Notwendigkeit, die Stöße des Fahrzeugs zu paralysieren. Am ungesundesten wären in dieser Hinsicht die schienenlosen Omnibusse.

Die bisher mitgeteilten Zahlen beziehen sich alle auf ein Körpergewicht von 70 kg. Insoweit es notwendig sein wird,

Auskunft über andere Körpergrößen zu erhalten, will ich kurz eine vereinfachte Rechnungsweise angeben, um die Übertragungen auf andere Gewichte zu ermöglichen. Der Verbrauch der Person von 70 kg verhält sich zu dem Verbrauch bei 60 Kilo wie 100 : 90,5 (abgerundet also $1/_{10}$ weniger), das Verhältnis von 70 kg : 50 entspricht 100 : 80, also auch wieder für 10 kg Differenz $1/_{10}$ weniger.

Die Frage, ob das weibliche Geschlecht andere Anforderung an die Ernährung stellt, ist wichtig und oft diskutiert worden. Mann und Frau haben verschiedene Durchschnittsgewichte:

	Mann	Frau
Erwachsene	65	55
18jährige	54	50
15jährige	41	40
6jährige	18	17

Die Frau pflegt auch etwas mehr Fett am Körper zu haben als der Mann, und deshalb besitzt sie auch meist etwas weniger Muskulatur. Bei gleichem Gewicht und gleicher Größe ist aber der Basalstoffwechsel bei Mann und Frau kaum zu unterscheiden (26,5 Kalorien pro Stunde für den Mann, 25,0 für die Frau).

Bei dem Stoffwechsel der Schulkinder ist zu bemerken, daß es nicht auf das Alter, sondern auf die körperliche Entwicklung ankommt. Es ist jedem, der Kinder erzieht, bekannt, daß sie verhältnismäßig viel Nahrung aufnehmen. Zum Teil erklärt sich das nicht nur aus der großen Lebhaftigkeit und Beweglichkeit der Kinder und der jungen Leute, sondern auch daraus, daß je geringer die Körpergröße ist, pro Kilogramm Lebendgewicht auch im Ruhezustand mehr verbraucht wird und daß in gewissen Entwicklungszeiten (Pubertät) der Basalstoffwechsel eine Erhöhung zeigt. Im allgemeinen geht der Stoffwechsel nicht der Masse (Gewicht), sondern der Oberfläche des Körpers proportional. Man darf als Tagesverbrauch etwa annehmen:

Jahr	Gewicht	kg-Kal.	Für die Bewegung wird verbraucht
6	16 kg	1130	366 Kal.
10	24 „	1500	494 „
12	31 „	1790	591 „
15	40 „	2140	709 „

Für die Ausführungen der Leibesübungen ist dabei kaum eine weitere Zulage an Nahrung notwendig, da diese Übungen eben zumeist nur an Stelle der sonst betätigten Bewegungslust treten. Für die jungen Kinder ist eine Schlafzeit von mindestens 10 Stunden, besser noch etwas mehr, erforderlich. Der Erwachsene kommt mit 8 Stunden Schlaf aus.

Für die Mahlzeiten zusammengenommen wird man 2 bis 3 Stunden im Tag rechnen können, die übrigen Stunden verteilen sich auf berufliche Arbeit und auf sog. Ruhezeit und Erholungszeit.

Zusammensetzung der Kost nach Nährstoffen und Nahrungsmitteln.

Die Erfahrungen und die wissenschaftlichen Betrachtungen haben gelehrt, daß zur Ernährung die Nahrungsstoffe in bestimmter Relation zueinander stehen sollen. Für die 3191 Rein-Kalorien, die wir S. 29 als ausreichend angesehen haben, für Personen, die neben einem Beruf, der an sich keine besondere motorische Tätigkeit erfordert, aus gesundheitlichen Gründen Leibesübungen betreiben, würden nach der allgemeinen Gepflogenheit rund 100 g Eiweiß, 100 g Fett und 490 g Kohlehydrat = 3472 Gesamtkalorien an Nahrungsmitteln ausreichend sein, wobei 281 Kalorien in Harn und Kot wieder zu Verlust gehen. Nach obiger Verteilung treffen 14,1% Kalorien auf Eiweiß, das Verhältnis von Fett und Kohlehydraten kann nach lokalen Verhältnissen auch anders geregelt werden, wobei für 1 g Fett 2,27 g Kohlehydrate ausgetauscht werden müssen. Kohlehydrate vermehren im allgemeinen stärker das Volum der Kost, weil sie, von Zucker abgesehen, in wasserhaltigen Speisen gegeben werden müssen.

Zerlegt man den Energieverbrauch des Bedarfs bei Leibesübungen in die drei Komponenten, so ergibt sich im einzelnen:

a) Basalstoffwechsel	1632 Kal.
b) Spezifisch-dynamische Wirkung	345 „
Vegetativ-automat. Stoffwechsel	1977 Kal.
Motorischer Teil	1241 „

Da das Eiweiß nichts mit dem motorischen Teil zu tun hat, sondern ganz dem vegetativ-automatischen Stoffwechsel zugehört, so ergibt sich, daß bei diesem Stoffwechsel 27,6% der Kalorien in Eiweiß enthalten sind.

Aus rein empirischen Beobachtungen läßt sich ableiten, daß der Eiweißverbrauch rascher steigt wie der Energieverbrauch bei der Arbeit zunimmt, bei schwerer Arbeit findet man 34,8%

des nicht motorischen Stoffwechsels durch Eiweißkalorien gedeckt, bei schwerer Feldarbeit 42,7%.

Auf S. 25 wurde auseinandergesetzt, daß diese Verhältnisse sich aus der Aufgabe des Eiweißes erklären, die Körperkonstitution in einer der Arbeit angepaßten Beschaffenheit zu halten.

Sowohl für praktische Aufgaben der Massenernährung, wie für die Einzelnen selbst kommt es darauf an, zu wissen, wie man die Wahl der Nahrungsmittel treffen soll.

Die Art der Nahrungsmittel, welche man bei Leibesübungen zu gebrauchen hat, sind, von besonderen einzelnen Aufgaben abgesehen, dieselben, welche die Allgemeinheit benützt, haben aber nationales Gepräge. Während sich die Nationen in der Art und Menge der verzehrten Nährstoffe kaum unterscheiden, sind sie grundverschieden in der Auswahl der Nahrungsmittel. Der Italiener verzehrt relativ viel Vegetabilien, der Franzose weniger, der Deutsche noch weniger als der Franzose und der Engländer wieder weniger Vegetabilien als der Deutsche.

Nachstehende Tabelle gibt uns eine Aufklärung darüber, wie sich unsere Nahrungsmittel nach dem nationalen Konsum verteilen (Stab 2), ferner wieviel jeder Art der Nahrungsmittel bei dem Verbrauch von 3472 Kalorien als dem Standard für Leibesübungen verbraucht werden müssen (Stab 3) und der letzte Stab gibt die täglich verzehrten Nahrungsmittel in Gramm als Beispiele.

Verteilung der Nahrungsmittel nach dem nationalen Konsum.

Gesamtverbrauch 3472 Kal.

Es machen aus in % des nationalen Konsums	Kalorien %	Kalorien pro Tag	Nahrungsmittel in Gramm
Die Zerealien	40,76	1415	400 Brot 90 Makkaroni 40 Reis
Gemüse	4,77	165,6	330 Mohrrüben
Kartoffeln	12,02	417,3	426
Früchte	2,50	86,8	160 Äpfel
Pflanzliche Öle	2,03	70,5	7,5
Zucker	5,90	206,2	51,0
Fleisch, Wild, Fische	15,76	547,2	212 Rindfleisch
Milch	8,72	302,7	452
Käse	1,07	37,1	9,1
Butter	4,08	141,7	151,2
Speck und Tierfett	1,69	58,0	51,2
Eier	0,63	22,0	13,8

Zu dieser Tabelle ist aber zu bemerken, daß der Erwachsene auf die Milch, zum Teil zugunsten der Kinderernährung, verzichten muß, und daß die Kost des Städters noch etwas mehr Fleisch erfordert, als hier angegeben ist, dafür aber an Animalien, wie Eier und Milch etwas weniger.

Natürlich wird man nicht jeden Tag eine Kost herstellen, die diesem nationalen Schema entspricht und der eine oder andere wird manches Nahrungsmittel zugunsten eines anderen wohl ganz ausfallen lassen, weil wir es eben auf diesem Gebiet mit zahllosen berechtigten Eigentümlichkeiten zu tun haben.

Die Einteilung der Mahlzeiten pflegt in der Regel in Deutschland so zu sein, daß das Frühstück nur eine bescheidene Nährstoffmenge liefert, die Hauptmahlzeit zu Mittag fällt und die Abendmahlzeit etwas weniger umfangreich als die Mittagsmahlzeit ist. Die Arbeitszeit oder Schulzeit wird dabei durch das Mittagsmahl getrennt.

Anders in vielen Großstädten, wo die weiten Wege zur Arbeitsstätte und zu den Bureaus eine Verdoppelung des dafür notwendigen Zeitaufwandes nicht gestatten. Hier folgt die Umstellung auf englische Arbeitszeit. Die Mittagsmahlzeit wird dann durch eine kleine, meist kalte Mahlzeit ersetzt und die Hauptmahlzeit fällt auf die Zeit nach Schluß der Arbeit. Häufig wird dabei auch schon das Frühstück etwas verstärkt (Eier, Butter, Honig). Bei der dreiteiligen Beköstigung treffen 20% der Kalorien auf das Frühstück, 46% auf das Mittagessen und 34% auf das Abendessen. Die Mittagsmahlzeit ist das Gehaltvollste, sie beansprucht vier Zehntel der Kohlehydrate. In der Regel genügen drei Mahlzeiten, nur bei schwerer Arbeit wird Vormittags und Nachmittags sog. Brotzeit gehalten. Man soll darauf hinwirken, daß wenigstens an einigen Tagen der Woche eine warme Abendmahlzeit beibehalten wird, zumal diese in der Familie nicht teurer zu stehen kommt wie die sog. kalte Küche.

Für die Bekömmlichkeit der Kost ist ihre Art der Zubereitung ganz wesentlich. Vielfach ist die Unsitte eingerissen, daß auch Personen, die gar keine besondere Arbeit leisten, Zwischenmahlzeiten einschieben, wodurch der Anteil der Nahrung für die Hauptmahlzeiten so gering wird, daß auch die beste Kochkunst eine richtige, befriedigende Mahlzeit nicht liefern kann. Eine einzige Schrippe mit etwas Fettbelag entspricht bereits 241 Kalorien mit 8,3 g Eiweiß.

Hinsichtlich der Leibesübungen tritt die Frage heran, ob es nicht angezeigt ist, nach den Mahlzeiten längere Zeit verstreichen zu lassen, ehe man körperlich tätig ist. Geht der Umfang der Mahlzeit über die normale Grenze nicht hinaus, so wird die freie Zeit für die Mittagsmahlzeit eine Stunde nicht zu überschreiten brauchen. Erfahrungen aus dem Fabrikbetrieb zeigen sogar, daß in der zweiten Stunde nach der Mahlzeit die Leistung zweifellos gehoben erscheint.

Bezüglich der Abendmahlzeit gilt als goldene Regel zwischen der Schlafzeit und dem Essen mindestens soviel Abstand zu gewahren, daß die Resorption beim Schlafengehen größtenteils vorüber ist, mindestens also 2 Stunden.

Je nach der Art der gewählten Speisen kann man bei derselben Menge von Nährstoffen den Magen überladen oder durch konzentrierte Kost ihn entlasten. Ein Mittel, die Konzentration zu verstärken, bietet im allgemeinen das Fett bei seiner großen Verbrennungswärme. Bei animaler, fetter Kost kann das Tagesvolum bis auf 1000 g heruntergehen, im Durchschnitt dürfte sich das Volum der Kost im Tag zwischen 1200—2000 g (ohne Getränke) bewegen.

Ißt man außer dem Hause, so beträgt das Volum des Mittagessens in einem guten Gasthaus 760—1100 g, in einer Volksküche, wobei die Vegetabilien überwiegen, 1500—1800 g. Bei Berliner Verhältnissen bekommt man als Mittagsmahlzeit in einer Volksküche oder in einem Gasthaus, das dem Aufwand eines Studenten entspricht, folgende Nahrung:

	Volkskuche	Gasthaus
Gesamtkalorien	1230	1030
Animalien, Eiweiß	19	51
Vegetabilien, Eiweiß	16	16
Von 100 Kalorien sind in Eiweiß	13	29
in Fett	14	19
in Kohlehydraten	73	52

In beiden Fällen wird ein Mann von 70 kg nicht ganz gesättigt, in der Volksküche erhält man bereits 100 g Brot mehr gereicht als in den Gasthäusern. Es muß also noch Brot zugelegt oder die Abendmahlzeit verstärkt werden.

In den Schriften über Leibesübungen nehmen die Debatten, ob man animalische Nahrungsmittel aufnehmen soll oder vegetabilisch zu leben hätte, einen breiten Raum ein. Ich habe schon hervorgehoben, daß unsere ganze nationale Kost überwiegend eine vegetabilische ist. Die vegetarische Richtung empfiehlt frische Früchte, Nußarten, Salat, Gemüse und im übrigen fleischlose Kost, wobei von manchen Milch und Milchprodukte zugelassen werden, also das vegetarische System durchbrochen wird.

Unsere Produktionsverhältnisse an Nahrung würden eine Umstellung der ganzen Bevölkerung auf rein vegetarische Kost gar nicht erlauben. Die allgemeine Erfahrung lehrt aber umgekehrt, daß sich bei Nationen mit vorwiegender Pflanzenkost allmählich der Umschwung zur an Animalien reicheren gemischten Kost vollzieht.

Vom individuellen Standpunkt aus betrachtet, ist die gute vegetarische Kost nicht billig, wenn man die Nahrungstabellen S. 16 betrachtet, so findet man, daß viele von den Vegetariern empfohlenen Nahrungsmittel zu den relativ sehr teuren und wenig gehaltvollen gehören, also das Volum der Kost vermehren.

Die Empfehlungen von ausschließlichem Genuß von Schwarz- und Schrotbrot ist unzweckmäßig, da solche Brotsorten zu den schwer verdaulichen gehören, nicht von jedem auf die Dauer vertragen werden und durch starke Gasbildung belästigen. Auch vom landwirtschaftlichen Standpunkt ist es rationeller, die Kleie zum großen Teil auszumahlen und als Tierfutter zu verwenden, wobei sich Fett und Fleisch bei der Tiermast gewinnen läßt. Vitamine enthält das Brot jeder Art nur in ganz kleinen Mengen. Das Brot, auch das Vollkornbrot spielt in der Versorgung des Menschen mit Salzen keine besondere Rolle. Gegen die Mitverwendung von Weißbrot ist um so weniger etwas einzuwenden, als manche Nationen (Frankreich, England) von dem Roggenbrot nur einen ganz untergeordneten Gebrauch machen und trotzdem leistungsfähig sind.

Die Nahrungsmittel sollen alle richtig gekaut werden, weil dadurch die Verdauungssäfte zur Ausscheidung angeregt werden. Die Übertreibung dieses alten Satzes „gut gekaut, ist halb verdaut" in dem sog. Fletscherismus, einer systematisch vorgeschriebenen Zahl der Kaubewegungen hat sich als zwecklos herausgestellt. Zwischen der Verdaulichkeit bei einem verständigen Essen und einem Fletschernden hat sich kein Unterschied nachweisen lassen.

Die Behauptung, der Genuß von Kaffee untergrabe das Nervensystem und die Sehkraft sind Übertreibungen, wer den Kaffee nur des Morgens oder gelegentlich nach dem Essen zu sich nimmt, wird keinen Schaden haben.

Die oft gehörte Behauptung, daß nur die Vegetarier große Dauerleistungen, z. B. beim Marschieren, erreichten, ist sicher nicht zutreffend. Mit den Muskelleistungen hat das Eiweiß, ob animalisch oder vegetarisch, überhaupt nichts zu tun. Nur Fett und Kohlehydrate werden verbraucht. Der Japaner, der zu 95% von vegetarischen Nahrungsmitteln lebt, verzehrt vergleichsweise ebensoviel Eiweiß wie wir, und unterscheidet sich nur durch eine fettarme Kost. Für den Muskel ist es völlig gleichgültig, ob ihm viel Fett und wenig Kohlehydrat oder wenig Fett und viel Kohlehydrat zur Verfügung stehen, ob tierische oder pflanzliche Fette verbraucht werden. Bei den Dauermärschen leben die Leute nicht von der Kost, die sie verzehrt haben, sondern größtenteils von ihrem eigenen Leibe, sind also alle sozusagen gleich geworden.

Die Nahrung des Muskels ist demnach bei solchen Sportleistungen bei gewöhnlicher oder vegetarischer Kost überhaupt nicht verschieden und die Vergleiche besagen gar nichts für die Art der Ernährung. Ob man vorher animalisches oder vegetarisches Eiweiß genossen hat, ist für die Arbeitsleistung völlig belanglos. Völlig unwahr ist es weiter zu behaupten, Fleisch und Eier erzeugten Ermüdungsstoffe. Überreichlich genossene Eiweißstoffe, gleichgültig, ob vegetabilisch oder animalisch, können ermüdend nur dann wirken, wenn man nicht genügend Flüssigkeit aufnimmt, um die Umsetzungsprodukte der Eiweißstoffe im Harn auszuschwemmen.

Das Fleisch ist kein Nahrungsmittel, dem bei dem üblichen Gebrauch irgendwelche schädlichen Eigenschaften zuzuschreiben sind. Dort, wo uns die Menschen zuerst entgegentreten, in der Diluvialzeit, lebten sie von der Jagd, also vom Fleischgenuß, wie heutzutage noch bei manchen Völkerstämmen, z. B. bei den Eskimos das Fleisch zeitweilig das einzige Nahrungsmittel darstellt. Das Fleisch war im Altertum wie heute das Nahrungsmittel, welches in der Küchenverwertung die größte Rolle namentlich bei den Städtern spielt. Es ist auch nicht die Quelle der Gicht, es liefert auch nicht mehr Harnsäure als manche pflanzlichen Eiweißstoffe, wenn diese in gleicher Menge wie Fleisch genossen werden. Für die Frage der Verwendung bei Leibesübungen kann man also derartige Bedenken ganz ausschalten. Fleisch ist die reichlichste und bequemste Quelle für die Eiweißversorgung, in den Hauptkulturländern hat sich mit zunehmendem Wohlstand auch der Fleischkonsum weiter entwickelt.

Bei der Betrachtung des Eiweißes als Nährstoff darf man nicht vergessen, daß es der einzige Körper ist, durch den wir unsere Wärmeproduktion im Organismus nach Belieben erheblich steigern können.

Wir variieren also den Ruhestoffwechsel, wodurch wir in der Lage sind, unsere Widerstandskraft gegenüber Kälte bei völliger Körperruhe zu erhöhen. In rauhen Klimaten kann man also davon Gebrauch machen und zweifellos dient der reichliche Eiweißstoffwechsel den Bewohnern des Polarkreises diesem Ziel der Steigerung der inneren Wärmebildung.

Bei den Leibesübungen hat die Ernährung nicht nur den Zweck der allgemeinen Nahrungsversorgung, sondern zeitweilig soll beim Training noch ein anderer Zweck erreicht werden, die Umformung der Konstitution.

Wissenschaftlich betrachtet hat der Training die Aufgabe, in jeder Weise den Eiweißverlust vom Körper zu hindern, und Gelegenheit zur Ausbildung der Muskulatur zu geben und eine Entfettung des Körpers herbeizuführen. Die rein empirischen Empfehlungen der Trainingskost laufen alle auf dieses Ziel hinaus, wenn der Genuß von magerem Fleisch und Fischen dabei geraten wird. Ist die Ernährung richtig, so muß dabei eine Abnahme des Körpergewichtes erfolgen. Diese muß jedoch nach einigen Wochen zum Stillstand kommen. Man kann aber den Training übertreiben, wenn das Eiweiß z. B. zu sehr überwiegt, wird der Zweck nicht erreicht, sondern der Gewichtsverlust geht weiter. Bei gleichbleibender Kalorienzahl der Gesamtkost würde ich als Regel ansehen, über die Grenze von 35% Eiweißkalorien dabei nicht hinauszugehen.

Die Vorschrift, Gemüse und Obst zu geben, hat den Sinn, daß man die Kohlehydratmenge vorübergehend mindern will, was zweckmäßig erscheint, nur dürfen die Gemüse nicht zu fett zubereitet werden. Ist der Training erreicht, so kann man zur üblichen Kost zurückkehren.

Das Suppenverbot, das man in älteren Vorschriften findet, hat keinen Sinn. Die warmen Fleischsuppen (1 Teller = 112 Kal.) haben den Zweck, die Verdauung anzuregen und eine Geschmacksverbesserung der ganzen Kost zu erzielen.

Vom Trinken und den Getränken. Wirkung des Klimas und der Kleidung auf den Flüssigkeitsbedarf.

So reich auch der Organismus des Menschen an Wasser ist, kann er von seinem Wasserbestand nichts entbehren, auf jeden Verlust des Wassers antwortet er mit dem Gefühl des Durstes. Durch zu viel Trinken kann man den Wassergehalt des Körpers nicht steigern. Nur unter krankhaften Zuständen (Unterernährung) nimmt der Wassergehalt des Körpers erheblich zu. Durch die Haut dringt kein Wasser in den Körper ein. Wasser wird aus dem Körper ausgeschieden im Harn, im Kot (reichlich bei Diarrhöen), durch die Lungen und durch die Haut unter Verdunstung oder sichtbar als Schweiß.

Verliert der Organismus über ein Fünftel seines Wassers, so erfolgt der Dursttod, bei ein Zehntel Verlust machen sich Unruhe, Zittern und Unsicherheit in den Beinen bemerkbar.

Wenn der Mensch hungert, tränkt er sich selbst zum Teil durch das Wasser, das bei der Verbrennung von Fett und Eiweiß entsteht und bei dem Zusammenbruch der Organe frei wird.

Das normale Getränk ist das Wasser. Das beste Wasser geben Quellen, die tief aus dem Boden heraufkommen, oder Röhrenbrunnen, die in die Erde bis zum Grundwasser hinabgetrieben sind. Kesselbrunnen liefern meist nicht gutes Wasser, da sie leicht Verunreinigungen ausgesetzt sind. Künstlich kann Wasser durch Sandfiltration gebessert werden. Im Zweifelfalle genieße man nur abgekochtes Wasser. Die erfrischende Wirkung des Wassers kann durch Fruchtsäfte gehoben werden.

Auch Zusätze von Kaffee und Tee werden gern genommen. Kaffee und Tee heben die Ermüdung auf, sollen aber nicht in großen Mengen genossen werden, da sie die Herztätigkeit unangenehm beeinflussen.

Auch zentrifugierte Milch oder Molke, Buttermilch können sozusagen die Rolle von Getränken übernehmen.

Weit verbreitet sind die alkoholischen Getränke, die man beim Sport am besten ganz vermeidet, der Alkohol verbrennt zwar im Körper, aber seine Nebenwirkungen bei chronischem Gebrauch sind in hohem Maße schädlich, auch für die Nachkommenschaft. Von den alkoholischen Getränken enthält nur das Bier noch nährende Bestandteile.

Bayrische Biere enthalten in 100 Teilen 3,45 g Alkohol, 0,61 g Eiweiß, 5,3 g Extrakt (Kohlehydrate); 1 l Bier = 450 kg-Kal.

Im Bier ist der Alkohol sehr verdünnt vorhanden und zeigt daher nicht die verderbliche Wirkung hochkonzentrierter Getränke. Die Geistesstörungen, wie das Delirium tremens, fehlen beim Biertrinken. Höhere Alkoholgrade zeigen die Weine (8—12%). Die gefährlichste Wirkung haben die Schnapsarten bei 40—50% und mehr (Rum 77%) Alkohol, noch besondere Nebenwirkungen kommen bei den Likören vor durch die fremdartigen zugesetzten Substanzen. 1 l Bier enthält soviel Alkohol als $^1/_2$ l leichter Wein oder ein halbes Weinglas Kognak. Ein Volksspruch meint: im Wein ertrinken mehr Menschen als im Wasser.

Die Getränke sollen nicht zu kalt genommen werden, am besten trinkt man nur in kleinen Schlucken oder läßt der kalten Flüssigkeit Zeit, sich im Munde anzuwärmen.

Nach starker Übermüdung, wie sie bei Bergbesteigungen u. dgl. vorkommt, wobei die Wasserverluste häufig mitspielen, ist es besser, um namentlich das Übelsein und Erbrechen zu bekämpfen und den Appetit zu heben, warme Fleischbrühe zu nehmen, nicht aber große Mengen kalter Flüssigkeiten hinunterzugießen.

Der Wasserstoffwechsel gehört zu den Dingen, die einen ganz wesentlichen Einfluß auf die guten Leistungen bei Leibesübungen haben.

Unser Körper verliert Wärme durch Strahlung, wie ein Ofen weithin die Wärme fühlbar macht, so geht von uns auch strahlende Wärme nach außen, solange unsere Umgebung, z. B. die Mauern eines Zimmers, kühler sind wie unsere Haut oder die Kleider. Außerdem erwärmt sich die Luft, die mit uns in Berührung kommt, und schließlich verdunstet von der Haut der Schweiß und bindet dabei Wärme. Strahlung, Wärmeleitung und Verdunstung sind die drei Hauptquellen des Wärmeverlustes. Denken wir uns einen sehr kalten Tag, so geht die Hauptmasse der Wärme durch Leitung und Strahlung nach außen, Wasserdampf durch die Haut so gut wie nicht; nur in der Atmung, das können wir im Winter sehen, scheiden wir etwas Wasserdampf aus.

Wird es wärmer, so kann durch die Haut auch weniger Wärme abgegeben werden, weil die Unterschiede der Temperatur zwischen Umgebung und Haut geringer geworden sind, da hilft sich der Organismus, indem er mehr Blut in die Haut schickt, die Hauttemperatur steigt und die Differenz zwischen Haut und Umgebung wird wieder größer.

Steigt die Wärme noch höher, so beginnt die Haut ihre Tätigkeit, der Schweiß erscheint und das Wasser verdunstet, wenn die Verhältnisse es erlauben. Um die 3191 Kalorien der Sporternährung in Form von Wasserdampf zu beseitigen, wären 5320 g Wasser zu verdunsten. Das vermag sehr wohl zu geschehen, daher können wir uns auch in Klimaten halten, deren Wärme über Bluttemperatur liegt.

Bei den organischen Nährstoffen und den Salzen hängt unser Bedarf streng genommen nur von den Leistungen des Organismus ab, bei dem Wasser ist das Verhältnis zur Umwelt der wichtigste Faktor und um so bedeutungsvoller, als unsere ganze Leistungsfähigkeit in bezug auf den Sport davon bedingt ist. Die Haut ist dabei für unsere Gesamtheit so wichtig, daß ihre Funktion etwas eingehender geschildert werden muß.

Die Haut kann in zweierlei Zuständen uns entgegentreten. Zunächst gewissermaßen inaktiv, bei kühler Temperatur, wobei sie wenig Kohlensäure und ganz wenig Wasserdampf abgibt und dann aktiv (beim Nackten etwa bei 29—30°), wobei die unter der Haut befindlichen Drüschen Flüssigkeit — den Schweiß — nach außen befördern. Die Haut beim Erwachsenen 2,03 qm umfassend, enthält 2 Millionen Drüschen, deren Ausführungsgänge im ganzen nur 38 qcm Querschnitt haben. Schweiß von reiner Haut ist farblos, trüb von abgeschilferter Haut und von spezifischem aber nicht ekelhaftem Geruch, nur der faulende Schweiß, der auf schmutziger Haut oder in den Kleidern sich befindet, stört den Geruchssinn. Dampft man reinen Schweiß ab, so bräunt er sich, riecht wie Fleischextrakt, enthält Harnstoff und andere im Harn vorkommende Stoffe und viel Kochsalz, auch fettige Bestandteile aus den Talgdrüsen.

Nur ganz wenige Tiere haben in der Haut Schweißdrüsen. Manche Hautstellen haben bei uns viel, andere wenig Drüsen, es gibt auch Menschen ohne Schweißdrüsen, diese sind in ihrer Lebenshaltung in hohem Maße beeinträchtigt. Zweck des Schweißes ist seine Verdunstung, dann bleiben die eben genannten Bestandteile auf der Haut. Beim Neger sieht man ein Grauwerden der Haut durch das auskristallisierte Kochsalz.

Die Sekretion des Schweißes gehört zu einer wichtigen Einrichtung, die man die physikalische Wärmeregulation nennt, und den Zweck verfolgt, unsere Bluttemperatur auf richtiger Höhe zu erhalten. Jedes Steigen der Bluttemperatur würde unsere Leistungsfähigkeit vermindern.

Die Verdunstung ist nur möglich,

1. wenn die Luft trocken ist, also noch Wasserdampf aufnehmen kann,
2. wenn genügend Luft (Wind) an der Haut vorüberzieht,
3. da der Wind abkühlt, so vermindert die Luftbewegung die Schweißbildung überhaupt, solange die Temperatur 33—34° (bei Nacktheit des Menschen) nicht überschreitet,
4. kann der Schweiß nicht ganz verdunsten, so schiebt sich immer mehr Flüssigkeit nach, das ist der Zustand, den der Laie schwitzen nennt. Starkes Schwitzen dieser Art macht schlapp, müde und leistungsunfähig und trocknet das Blut ein. Jede Stauung des Schweißes macht ein bedrückendes Gefühl und zwingt die Arbeit zu verweigern.

Ich gebe nachstehend ein Beispiel über die Hemmung der Arbeitsleistung bei sommerlich leichter Bekleidung, bei verschiedenen Temperaturen und Feuchtigkeitsgraden der Luft. Die Zahlen bedeuten die Menge des stündlich verdunsteten Schweißes.

Bei trockener Luft wurde die schwere Arbeit erst bei 35° verweigert, bei feuchter Luft wurde auch in der Ruhe 35° nicht mehr (ohne starke Steigerung der Bluttemperatur) ertragen und die Schwerarbeit schon bei 20° wegen des beklemmenden Wärmegefühls nach kurzer Zeit verweigert.

Leistungsfähigkeit bei ungleicher Wärme und ungleichem Feuchtigkeitsgrad der Luft.

Temperatur	Ruhe	Arbeit 5000 kg/m	Arbeit 15 000 kg/m
Bei trockener Luft (20% Feuchtigkeit) g Schweiß pro Std.			
15	50	55	55
20	60	60	70
25	65	105	150
30	100	145	220
35	160	170	—
Bei feuchter Luft (80% Feuchtigkeit)			
15	20	25	25
20	25	50	—
25	35	85	—
30	65	110	—
35	—	—	—

Wie wichtig für den Training die Entfettung für die Leistungsfähigkeit ist, zeigen folgende Versuche an zwei gleich schweren Personen, einer mageren und einer fetten.

Wasserabgabe in Gramm pro Stunde.

Temperatur der Luft	Ruhe		Arbeit 5000 kg/m pro Stunde	
	mager	fett	mager	fett
Trockene Luft.				
20	60	40	60	,57
30	100	97	145	118
36	160	154	170	253
Feuchte Luft.				
20	25	19	50	55
30	65	143	110	126

Die fettere Person versagte bei 36° und trockener Luft und Arbeit, obschon 253 g Wasser pro Stunde abgegeben wurden, stieg die Bluttemperatur bedeutend und ebenso war es bei 30° in feuchter Luft, wo die Schweißsekretion wenig erhöht war und trotzdem die Eigentemperatur anstieg.

Am günstigsten verlaufen die Leibesübungen bei nackter (oder schwach bekleideter) Haut im Freien. Auch bei angeblicher Windstille ist die Luft im Freien immer bewegt. Wir fühlen bei trockener Haut erst eine Luftgeschwindigkeit von 0,5—0,6 m pro Sekunde.

Die Tätigkeit der Haut bringt zu gleicher Zeit auch die Sekretion der Talgdrüsen zustande. Stagnation in den Talgdrüsen bedingt langsame Zersetzung ihres Inhalts.

Die Luft desodorisiert die Haut, vermutlich durch ihren Ozongehalt, sie (wie auch die Kleidung) riecht „nach Luft", wie man zu sagen pflegt.

Die Notwendigkeit einer angemessenen Hautpflege durch Waschung kann hier übergangen werden.

Die Leibesübungen tragen also zur Anregung der Tätigkeit der Haut wesentlich bei, unter ihrem Einfluß stecken wir bald in einer besseren Haut überhaupt. Es muß aber auch für die richtigen äußeren Bedingungen dieses Teils unserer Wasserwirtschaft gesorgt sein.

Am häufigsten wird die letztere gestört und gehemmt durch unrichtige Bekleidung und deshalb mag im Zusammenhang mit dem vorstehenden noch einiges angefügt sein.

Auf dem Sportplatz selbst wird die besondere Turnbekleidung getragen, in der übrigen Zeit die traditionelle, nach vielen Richtungen hin allerdings unrationelle Bekleidung.

Von der Bekleidung in den Tropen, wo es mehr auf einen mechanischen Schutz gegen Stoß, Dornenriß, Mückenstich und Überbestrahlung durch die Sonne ankommt, mag abgesehen sein.

Dem Kälteschutz diente und dient bei primitiven Völkerschaften das Tierfell, ein nur unvollkommenes Mittel. Das Fell der lebenden Tiere wirkt ganz verschieden, weil seine Haare nach Bedarf eine wechselnde Stellung annehmen. Aber auch, wenn dem Menschen Haare an der ganzen Haut gewachsen wären, wäre damit kein Ideal geschaffen, da die Haut schwitzt. In der zweckmäßigen Ableitung des Schweißes besteht das schwierigste Problem der Bekleidung.

Wenn wir uns in einer Bekleidung behaglich fühlen sollen, bewegt sich die Temperatur der Haut unter der Kleidung zwischen 32—33° wir leben also in einem Tropenklima.

Die Eigenschaften der Kleidungsstücke müssen im einzelnen besprochen werden. Die Grundstoffe sind, von Seide abgesehen, Wolle, Baumwolle und Leinen. Sodann entstehen die Gewebe durch gekreuzte Fasern oder durch Schlingenbildung (Trikot). Das Mikroskop zeigt uns ein Gewirr von Fäden und viele hohle Räume. Bei einem Hemdenstoff sind 37% Hohlräume, beim Trikot etwa 80%, bei Wollflanell 90%, beim Tierpelz 97—98%. In den meisten Fällen überwiegt also die Luft.

Die physikalischen Eigenschaften für die Wärmehaltung beruhen auf Leitung und Strahlung.

Die Luft im Ruhezustand leitet Wärme 22 000 mal so schlecht wie Kupfer, Wolle aber 6 mal so gut wie Luft, Leinen und Baumwolle etwa 30 mal so gut wie Luft. Also sind die Bestandteile der Kleidung sehr schlechte Wärmeleiter, aber alle festen Bestandteile leiten besser wie die Luft. So sind uns eigentlich die Gewebe nur Befestigungsmittel für die Luftschichten. Die Wärmestrahlung verhält sich etwa so wie bei einer berußten Fläche, wir wollen sie außer Betracht lassen. Je dicker der Stoff, um so wärmehaltender. Im Sommer beträgt die Dicke unserer Kleidung 1—2 mm, im Winter (mit Überzieher) 25—26 mm, bei Pelzen noch viel mehr. Je kälter es wird, um so mehr und um so luftigere Stoffe pflegen wir anzuziehen. Die Sommerkleidung wiegt 3 bis

4 kg, die Winterkleidung 7—8 kg. Wäre uns ein richtiges Fell gewachsen, so würden die Haare nur ein Viertel des Gewichtes der Sommerkleidung haben und doch Winterschutz geben.

Die Luft in den Porenräumen der Kleidung enthält, wenn wir Kleidung am Leibe haben, mehr oder weniger Kohlensäure und meist sehr wenig Wasserdampf. Das Kleidungsklima ist also nicht nur hochwarm, sondern bei richtiger Beschaffenheit der Stoffe auch hochtrocken, eine Art Wüstenklima.

Diese Trockenheit finden wir nur, wenn die Kleidungsstoffe porös sind, d. h. viel Luft einschließen. Dann streicht besonders im Freien die Luft durch die Kleidung bis auf die Haut, die Luft wird warm, relativ trocken und nimmt den Wasserdampf mit fort.

Auch nur eine Lage eines zu dichten Stoffes stört diesen ganzen normalen Entwässerungsbetrieb; hinter dem dichten Stoff ist auch unter gewöhnlichen Verhältnissen die Luft in der Kleidung dann feucht.

Wird es zu warm, oder bildet der Mensch viel Wärme durch Arbeit, so kommt es schließlich zur Einlagerung von Wasser. Diesem Zustand geht ein anderes Merkwürdiges noch voraus. Alle Kleidungsstoffe sind hygroskopisch, d. h. sie saugen Wasserdampf auf und werden dann schwerer. In feuchter Luft wiegt Wolle um 30% mehr wie in trockener Luft, Leinen und Baumwolle saugen kaum halb so viel Dampf auf. Sobald Wasserdampf aufgesaugt wird, nimmt das Leitungsvermögen der Stoffe besonders der Wolle zu; der Körper macht gewissermaßen den letzten Versuch, ohne Schweißablagerung durchzukommen.

Erscheint der Schweiß, so saugen sich glatte Stoffe, besonders aus Leinen und Baumwolle, ganz voll, so daß keine Spur von Luft durch kann. Darunter liegt also jetzt schwüle wassergesättigte Luft, die es uns doppelt unbehaglich macht, die Stoffe kleben am Leib. Das Trikotgewebe und besonders die aus Wolle saugen an und für sich wenig Schweiß auf, ihre Poren werden niemals ganz gefüllt, immer wieder kann die Luft noch bis zur Haut kommen, von innen heraus trocknen die Gewebe, bald macht sich das Gefühl der Behaglichkeit wieder geltend.

Soll also unsere Ruhekleidung, wie wir sie der Turnkleidung gegenüber nennen wollen, richtig funktionieren, so muß sie aus porösem Material in allen Teilen hergestellt sein. Poröse Unterkleidung mag aus Wolle oder Baumwolle sein, die Oberkleidung besteht zumeist aus Loden oder Tuchen, die den Anforderungen annähernd entsprechen.

Bei Leuten mit nicht lüftender Kleidung sammelt sich unter ihr stets feuchte Luft an, die Haut wird mazeriert, die Zersetzung der Schweißstoffe wird lebhafter, die Lust zur körperlichen Betätigung schwindet. Wer sich Leibesübungen hingibt, soll auch sonst in seiner Lebenshaltung die Grundsätze hygienischer Lebenshaltung durchführen.

Für die Leibesübungen auch im Freien bleiben Rumpf und Beine ziemlich nackt oder es genügt die Bekleidung mit Hemd, kniefreier Hose, ersteres jedenfalls auch aus porösem Stoff; die Hose besser aus einem lodenähnlichen Material, nur im Winter hohe Strümpfe. Der starke Ausschnitt, der einen Teil der Brust freiläßt, hat sich für die Wintermonate nicht bewährt.

In den Ruhepausen wird bei Kühle und Wind eine wollene Jacke überzogen, um Erkältungen zu vermeiden, da nach den Leibesübungen die Gefäße noch längere Zeit erweitert bleiben, und die Haut möglicherweise durchnäßt sein kann.

MIX
Papier aus verantwortungsvollen Quellen
Paper from responsible sources
FSC® C105338

If you have any concerns about our products,
you can contact us on
ProductSafety@springernature.com

In case Publisher is established outside the EU,
the EU authorized representative is:
**Springer Nature Customer Service Center GmbH
Europaplatz 3, 69115 Heidelberg, Germany**

Printed by Libri Plureos GmbH
in Hamburg, Germany